青少年人工智能编程 启蒙丛书

Python编程入门

刘晓蕾 程 潮 曾波林 主 编

方 刚 涂 娟 夏 丹 龚运新 副主编

清华大学出版社

北京

内 容 简 介

本书全面介绍 Python 语言编程方法，选用有趣、实用的项目编程，以培养读者学习兴趣、锻炼思维为主。本书采用项目式教学体系例写，选择学练结合的学习方法，全书安排 14 个项目，将编程的知识分解到各项目中，每个项目包含一个核心知识点，同时加强对上一项目内容的应用和拓展，做到从易到难、循序渐进。

本书可作为中小学"人工智能"课程入门教材，第三方进校园教材，学校社团活动教材，学校课后服务（托管服务）课程、科创课程教材，校外培训机构和社团机构相关专业教材，也可作为自学人员自学教材，还可作为家长辅导孩子的指导书。

版权所有，侵权必究。举报：010-62782989，beiqinquan@tup.tsinghua.edu.cn。

图书在版编目（CIP）数据

Python 编程入门 . 上 / 刘晓蕾 , 程潮 , 曾波林主编 .
北京 : 清华大学出版社 , 2024. 9. -- (青少年人工智能
编程启蒙丛书). -- ISBN 978-7-302-67287-6

Ⅰ . TP312.8-49

中国国家版本馆 CIP 数据核字第 2024HM5832 号

责任编辑：袁勤勇　杨　枫
封面设计：刘　键
责任校对：申晓焕
责任印制：丛怀宇

出版发行：清华大学出版社
　　　　　网　　　址：https://www.tup.com.cn，https://www.wqxuetang.com
　　　　　地　　　址：北京清华大学学研大厦 A 座　　　　邮　　编：100084
　　　　　社 总 机：010-83470000　　　　　　　　　　邮　　购：010-62786544
　　　　　投稿与读者服务：010-62776969, c-service@tup.tsinghua.edu.cn
　　　　　质量反馈：010-62772015, zhiliang@tup.tsinghua.edu.cn
　　　　　课件下载：https://www.tup.com.cn,010-83470236
印 装 者：三河市铭诚印务有限公司
经　　销：全国新华书店
开　　本：185mm×260mm　　　　印　　张：8.5　　　　字　　数：126 千字
版　　次：2024 年 9 月第 1 版　　　　　　　　　　印　　次：2024 年 9 月第 1 次印刷
定　　价：39.00 元

产品编号：102976-01

丛书顾问委员会名单

主　任：　郑刚强　陈桂生

副主任：　谢平升　李　理

成　员：　汤淑明　王金桥　马于涛　李尧东　龚运新　周时佐
　　　　　柯晨瑰　邓正辉　刘泽仁　陈新星　张雅凤　苏小明
　　　　　王正来　谌受柏　涂正元　胡佐珍　易　强　李　知
　　　　　向俊雅　郭翠琴　洪小娟

策　划：　袁勤勇　龚运新

顾问委员会寄语

新时代赋予新使命，人工智能正在从机器学习、深度学习快速迈入大模型通用智能（AGI）时代，新一代认知人工智能赋能千行百业转型升级，对促进人类生产力创新可持续发展具有重大意义。

创新的源泉是发现和填补生产力体系中的某种稀缺性，而创新本身是21世纪人类最为稀缺的资源。若能以战略科学设计驱动文化艺术创意体系化植入科学技术工程领域，赋能产业科技创新升级高质量发展甚至撬动人类产业革命，则中国科技与产业领军世界指日可待，人类文明可持续发展才有希望。

国家要发展，主要内驱力来自精神信念与民族凝聚力！从人工智能的视角看，国家就像是由14亿台神经计算机组成的机群，信仰是神经计算机的操作系统，精神是神经计算机的应用软件，民族凝聚力是神经计算机网络执行国际大事的全维度能力。

战略科学设计如何回答钱学森之问？从关键角度简要解读如下。

（1）设计变革：从设计技术走向设计产业化战略。

（2）产业变革：从传统产业走向科创上市产业链。

（3）科技变革：从固化学术研究走向院士创新链。

（4）教育变革：从应试型走向大成智慧教育实践。

（5）艺术变革：从细分技艺走向各领域尖端哲科。

（6）文化变革：从传承创新走向人类文明共同体。

（7）全球变革：从存量博弈走向智慧创新宇宙观。

宇宙维度多重，人类只知一角，是非对错皆为幻象。常规认知与高维认知截然不同，从宇宙高度考虑问题相对比较客观。前人理论也可颠覆，毕竟宇宙之大，人类还不足以窥见万一。

探索创新精神，打造战略意志；

成功核心，在于坚韧不拔信念；

信念一旦确定，百慧自然而生。

丛书顾问委员会由俄罗斯自然科学院院士、武汉理工大学教授郑刚强，清华大学博士陈桂生，湖南省教育督导评估专家谢平升，麻城市博达学校校长李理，中国科学院自动化研究所研究员汤淑明，武汉人工智能研究院研究员、院长王金桥，武汉大学计算机学院智能化研究所教授马于涛，麻城市博达学校董事长李尧东，无锡科技职业学院教授龚运新，黄冈市黄梅县教育局周时佐，麻城市博达学校董事李知，黄冈市黄梅县实验小学向俊雅、郭翠琴，黄冈市黄梅县八角亭中学洪小娟等组成。

丛书序

　　人工智能教育已经开展了十几年。这十几年来,市场上不乏一些好教材,但是很难找到一套适合的、系统化的教材。学习一下图形化编程,操作一下机器人、无人机和无人车,这些零散的、碎片化的知识对于想系统学习的读者来说很难,入门较慢,也培养不出专业人才。近些年,国家已制定相关文件推动和规范人工智能编程教育的发展,并将编程教育纳入中小学相关课程。

　　鉴于以上事实,编委会组织专家团队,集合多年在教学一线的教师编写了这套教材,并进行了多年教学实践,探索了教师培训和选拔机制,经过多次教学研讨,反复修改,反复总结提高,现将付梓出版发行。

　　人工智能知识体系包括软件、硬件和理论,中小学只能学习基本的硬件和软件。硬件主要包括机械和电子,软件划分为编程语言、系统软件、应用软件和中间件。在初级阶段主要学习编程软件和应用软件,再用编程软件控制简单硬件做一些简单动作,这样选取的机械设计、电子控制系统硬件设计和软件3部分内容就组成了人工智能教育阶段的入门知识体系。

　　本丛书在初级阶段首先用电子积木和机械积木作为实验设备,选择典型、常用的电子元器件和机械零部件,先了解认识,再组成简单、有趣的应用产品或艺术品;接着用CAD(计算机辅助设计)软件制作出这些产品的原理图或机械图,将玩积木上升为技术设计和学习CAD软件。这样将玩积木和学知识有机融合,可保证知识的无缝衔接,平稳过渡,通过几年的教学实践,取得了较好效果。

　　中级阶段学习图形化编程,也称为2D编程。本书挑选生活中适合中小学生年龄段的内容,做到有趣、科学,在编写程序并调试成功的过程中,发展思维、提高能力。在每个项目中均融入相关学科知识，体现了专业性、严谨性。特别是图形化编程适合未来无代码或少代码的编程趋势，满足大众学习编程的需求。

图形化编程延续玩积木的思路，将指令做成积木块形式，编程时像玩积木一样将指令拼装好，一个程序就编写成功，运行后看看结果是否正确，不正确再修改，直到正确为止。从这里可以看出图形化编程不像语言编程那样有完善的软件开发系统，该系统负责程序的输入，运行，指令错误检查，调试（全速、单步、断点运行）。尽管软件不太完善，但对于初学者而言还是一种有趣的软件，可作为学习编程语言的一种过渡。

在图形化编程入门的基础上，进一步学习三维编程，在维度上提高一维，难度进一步加大，三维动画更加有趣，更有吸引力。本丛书注重编写程序全过程能力培养，从编程思路、程序编写、程序运行、程序调试几方面入手，以提高读者独立编写、调试程序的能力，培养读者的自学能力。

在图形化编程完全掌握的基础上，学习用图形化编程控制硬件，这是软件和硬件的结合，难度进一步加大。《图形化编程控制技术（上）》主要介绍单元控制电路，如控制电路设计、制作等技术。《图形化编程控制技术（下）》介绍用 Mind+ 图形化编程控制一些常用的、有趣的智能产品。一个智能产品要经历机械设计、机械 CAD 制图、机械组装制造、电气电路设计、电路电子 CAD 绘制、电路元器件组装调试、Mind+ 编程及调试等过程，这两本书按照这一产品制造过程编写，让读者知道这些工业产品制造的全部知识，弥补市面上教材的不足，尽可能让读者经历现代职业、工业制造方面的训练，从而培养智能化、工业社会所需的高素质人才。

高级阶段学习 Python 编程软件，这是一款应用较广的编程软件。这一阶段正式进入编程语言的学习，难度进一步加大。编写时尽量讲解编程方法、基本知识、基本技能。这一阶段是在《图形化编程控制技术（上）》的基础上学习 Python 控制硬件，硬件基本没变，只是改用 Python 语言编写程序，更高阶段可以进一步学习 Python、C、C++ 等语言，硬件方面可以学习单片机、3D 打印机、机器人、无人机等。

本丛书按核心知识、核心素养来安排课程，由简单到复杂，体现知识的递进性，形成层次分明、循序渐进、逻辑严谨的知识体系。在内容选择上，尽量以趣味性为主、科学性为辅，知识技能交替进行，内容丰富多彩，采用各种方法激活学生兴趣，尽可能展现未来科技，为读者打开通向未来的一扇窗。

我国是制造业大国，与之相适应的教育体系仍在完善。在义务教育阶段，职业和工业体系的相关内容涉及较少，工业产品的发明创造、工程知识、工匠精神等方面知识较欠缺，只能逐步将这些内容渗透到入门教学的各环节，从青少年抓起。

丛书编写时，坚持"五育并举，学科融合"这一教育方针，并贯彻到教与学的每个环节中。本丛书采用项目式体例编写，用一个个任务将相关知识有机联系起来。例如，编程显示语文课中的诗词、文章，展现语文课中的情景，与语文课程紧密相连，编程进行数学计算，进行数学相关知识学习。此外，还可以编程进行英语方面的知识学习，创建多学科融合、共同提高、全面发展的教材编写模式，探索多学科融合，共同提高，达到考试分数高、综合素质高的教育目标。

五育是德、智、体、美、劳。将这五育贯穿在教与学的每个过程中，在每个项目中学习新知识进行智育培养的同时，进行其他四育培养。每个项目安排的讨论和展示环节，引导读者团结协作、认真做事、遵守规章，这是教学过程中的德育培养。提高读者语文的写作和表达能力，要求编程界面美观，书写工整，这是美育培养。加大任务量并要求快速完成，做事吃苦耐劳，这是在实践中同时进行的劳育与体育培养。

本丛书特别注重思维能力的培养，知识的扩展和知识图谱的建立。为打破学科之间的界限，本丛书力图进行学科融合，在每个项目中全面介绍项目相关的知识，丰富学生的知识广度，加深读者的知识深度，训练读者的多向思维，从而形成解决问题的多种思路、多种方法、多种技能，培养读者的综合能力。

本丛书将学科方法、思想、哲学贯穿到教与学的每个环节中。在编写时将学科思想、学科方法、学科哲学在各项目中体现。每个学科要掌握的方法和思想很多，具体问题要具体分析。例如编写程序，编写时选用面向过程还是面向对象的方法编写程序，就是编程思想；程序编写完成后，编译程序、运行程序、观察结果、调试程序，这些是方法；指令是怎么发明的，指令在计算机中是怎么运行的，指令如何执行……这些问题里蕴含了哲学思想。以上内容在书中都有涉及。

本丛书特别注重读者工程方法的学习，工程方法一般包括 6 个基本步骤，分别是想法、概念、计划、设计、开发和发布。在每个项目中，对这 6 个步骤有些删减，可按照想法（做个什么项目）、计划（怎么做）、开发（实际操作）、展示（发布）这 4 步进行编写，让学生知道这些方法，从而培养做事的基本方法，养成严谨、科学、符合逻辑的思维方法。

教育是一个系统工程，包括社会、学校、家庭各方面。教学过程建议培训家长，指导家庭购买计算机，安装好学习软件，在家中进一步学习。对于优秀学生，建议继续进入专业培训班或机构加强学习，为参加信息奥赛及各种竞赛奠定基础。这样，社会、学校、家庭就组成了一个完整的编程教育体系，读者在家庭自由创新学习，在学校接受正规的编程教育，在专业培训班或机构进行系统的专业训练，环环相扣，循序渐进，为国家培养更多优秀人才。国家正在推动"人工智能""编程""劳动""科普""科创"等课程逐步走进校园，本丛书编委会正是抓住这一契机，全力推进这些课程进校园，为建设国家完善的教育生态系统而努力。

本丛书特别为人工智能编程走进学校、走进家庭而写，为系统化、专业化培养人工智能人才而作，旨在从小唤醒读者的意识、激活编程兴趣，为读者打开窥探未来技术的大门。本丛书适用于父母对幼儿进行编程启蒙教育，可作为中小学生"人工智能"编程教材、培训机构教材，也可作为社会人员编程培训的教材，还适合对图形化编程有兴趣的自学人员使用。读者可以改变现有游戏规则，按自己的兴趣编写游戏，变被动游戏为主动游戏，趣味性较高。

"编程"课程走进中小学课堂是一次新的尝试，尽管进行了多年的教学实践和多次教材研讨，但限于编者水平，书中不足之处在所难免，敬请读者批评指正。

丛书顾问委员会
2024 年 5 月

前言

现代社会，智能设备无处不在，如计算机、电视、手机等，它们都离不开控制系统。那么，这些控制系统是如何工作的呢？除了最核心的 CPU 芯片等硬件电路外，还离不开编程。

不同国家的人们使用不同的语言进行交流，即便是在国内，不同地区的语言在发音上也有很大区别。计算机怎样理解人类的语言呢？编程语言是实现人机交流的一种方式，如 C、Java、Python 等。

相较于其他语言，使用 Python 编写的程序看起来更简洁，更便于阅读、调试和扩展。Python 语言应用非常广泛，游戏、Web 应用程序、数据处理、硬件控制等工作几乎都可以用它来完成。要像程序员一样思考，或许学习 Python 语言是最好的选择。

学习语言免不了要学习语法，计算机语言也有语法，它包括程序结构、数据类型、函数等元素。语法的掌握当然不能依赖背诵和记忆，而是在反复应用的过程中掌握的。因此，学习编程，肯定会遇到困难，会犯很多错误。别担心，多花一些时间，找到错误并修正，这是最好的学习方法。从错误中可以得到教训，学到更多！

人工智能时代已经来临，编程或许将成为每个人的必备技能。我国已将编程教育纳入中小学相关课程。因此，少儿编程并不完全是奥赛，它应该能让 80% 以上的学生轻松、快乐地参与进来；它为学生提供一个培养创造力、逻辑思维、计算思维等综合素养的平台；它是区别于应试教育的另一个展示自我的舞台。

本书可供 Python 语言爱好者自学，小学 5、6 年级学生自学，家长辅导孩子学习等零基础学习场景以及学校教学使用。本书讲解由浅入深，从掌握 Python 基本语法，到使用流程控制语句，再到学习编写完整 Python 代码。

在课程设计上，选择学练结合的学习方法，每个项目包含一个核心知识点，同时加强对上一项目内容的应用和拓展，巩固学习效果，提升学习效率。每个项目设置了不同的深度和层次，课堂教学中，有些项目全部完成可能需要 2~3 课时，根据实际情况，可能需要随时调整课时。学习中，如果多次尝试都没有成功，不要轻易放弃，一定要坚持再改一次，再试一次！

本书由无锡市东东新能源科技有限公司刘晓蕾、红安县教育局发展规划和项目管理股程潮、麻城市第一中学曾波林任主编；由麻城市博达学校方刚、涂娟，麻城市翰程培优学校夏丹，无锡科技职业学院龚运新任副主编。

本书在编写过程中得到一线教师很多帮助，在此表示感谢！恳请读者对本书给予意见和建议，我们一定努力修正，不断完善！

需要书中配套材料包的读者可发送邮件至 33597123@qq.com 咨询。

编　者

2024 年 6 月

目 录

项目 1　了解 Python 语言

　　编程教育、计算机语言、代码、程序，随着人工智能概念及其产品的普及，这些名词早已不再陌生。越来越多的人对编程产生兴趣，想要探索这个神奇的世界。本项目就是从宏观的角度，先简单介绍了与编程相关的知识，让读者了解 Python 语言是一种怎样的语言。然后，学习在计算机中搭建 IDLE 开发环境，并完成第一个 Python 程序。

任务 1.1　计算机语言

编程语言（programming language）是用来定义计算机程序的形式语言。它是一种被标准化的交流技巧，用来向计算机发出指令。计算机每做一次动作，一个步骤，都是按照已经用计算机语言编好的程序来执行的。程序是计算机要执行的指令的集合，而程序全部都是用我们所掌握的语言来编写的。

1. 计算机语言的分类

编程语言俗称为"计算机语言"，种类非常多，总的来说，可以分成机器语言、汇编语言、高级语言三大类。计算机语言是逐步发展的，经历了由低级语言向高级语言发展的过程，即机器语言（面向机器）→汇编语言（面向机器）→高级语言（面向过程→面向对象）。

（1）机器语言。机器语言属于低级语言，由于计算机内部只能接受二进制代码，因此，用二进制代码 0 和 1 描述的指令称为机器指令。全部机器指令的集合构成计算机的机器语言，用机器语言编写的程序称为目标程序。只有目标程序才能被计算机直接识别和执行。

（2）汇编语言。它的实质和机器语言相同，都是直接对硬件进行操作，只不过指令采用了英文缩写的标识符，更容易识别和记忆。

（3）高级语言。高级语言是相对于汇编语言而言，编写的程序不能直接被计算机识别，必须经过转换才能被执行。

总之，越是低级的语言越是对机器友好，越是符合机器的思考方式，因而执行效率高；越是高级的语言越是对人类友好，越是符合人类的思考方式，因而开发效率高。

2. 解释型语言

计算机只认识 0 和 1，它是不能够识别高级语言的，因此，当运行一个高级语言程序时，就需要一个"翻译机"来把高级语言转变成计算机能读懂的机器语言，这个过程分为编译和解释。

编译型语言，就是在程序写完后，先由编译器一次性全部翻译成机器语言，运行时就不需要翻译，直接执行就可以了，如 C 语言。

解释型语言，没有编译这个过程，程序写完后，在运行时由解释器逐行解释成机器语言，直接运行，如 Python 语言。

这两种语言各有优缺点，编译型语言因为在程序运行之前就已经完成了"翻译"，因而在程序执行时没有了"翻译"的过程，运行速度比较快。相对而言，解释型语言是逐行"翻译"，运行速度较慢，但代码易读易修改，跨平台性好，是目前人气很高的一种编程语言。

Python 是一门对初学者友好的编程语言，是一种多用途的、解释性的和面向对象的高级语言。运行 Python 程序，需要有解释器。Python 自带了一款解释器 IDLE，本书将以此为例，学习 Python 这门编程语言。打开 IDLE 就可以进入解释器，它也被称为交互式运行工具，在这里可以直接输入代码并执行，也可以使用编辑器编写代码，按 F5 键进入解释器运行代码，同时将程序保存为文件格式。

3. Python 语言的发展过程

1989 年圣诞节期间，荷兰人吉多·范罗苏姆（Guido van Rossum）为了打发圣诞节的无聊时间，决心开发一门解释型程序语言。Python 语言是基于 ABC 教学语言开发的。1991 年，第一个 Python 解释器公开版发布，它是用 C 语言编写实现的，并能够调用 C 语言的库文件。Python 一诞生就已经具有了类、函数和异常处理等内容，包含字典、列表等核心数据结构，及以模块为基础的扩展系统。

2000 年，Python 2.0 发布，Python 2.0 的最后一个版本是 2.7，Python 2.7 的支持时间到 2020 年就已经结束了，目前主流 Python 开发使用的版本是 Python 3。需要注意的是，Python 3 与 Python 2 是不兼容的。作为初学者，学习 Python 应该从 Python 3 开始。

2018 年 12 月，Python 发布了 3.0 版本，Python 3.0 是一次重大升级，为

了避免引入历史包袱，Python 3.0 没有考虑与 Python 2.x 的兼容性。Python 3.x 版本相比 Python 2.x 版本更简洁、方便。绝大部分开发者已经从使用 Python 2.x 转移到使用 Python 3.x。

作者编写本书时最新版本的 Python 3 大版本是 Python 3.10（2021 年 10 月发布的），小版本是 3.10.4（2022 年 3 月发布）。Python 主要版本的发布时间如下。

2009 年 6 月，Python 发布了 3.1 版本。

2011 年 2 月，Python 发布了 3.2 版本。

2012 年 9 月，Python 发布了 3.3 版本。

2014 年 3 月，Python 发布了 3.4 版本。

2015 年 9 月，Python 发布了 3.5 版本。

2016 年 12 月，Python 发布了 3.6 版本。

……

2022 年 10 月，Python 发布了 3.11 版本。

4. Python 的设计目标

在学习一门程序设计语言的时候，如果能在最开始就了解这门语言的设计者对这个语言的初衷及定位，对于学习和掌握这门语言是非常有帮助的。因为了解这门语言的设计目标之后，就可以知道这门语言能做哪些事情，并且能够了解这门语言的核心特点。

1999 年，创始人吉多向美国国防高级研究计划局（DARPA）提交了一条为 Computer Programming for Everybody 的资金申请，并说明了他对 Python 的设计目标。

（1）一门简单直观的语言，并与主要竞争者一样强大。

（2）开源，以便任何人都可以为它做贡献。

（3）代码像纯英语那样容易理解。

（4）适用于短期开发的日常任务。

经过 20 多年的发展，这些想法都已经成为现实。也是因为这些优点，Python 已经成为最流行的编程语言之一。

5. Python 的设计哲学

Python 语言有它的设计理念和哲学，称为"Python 之禅"。Python 之禅是 Python 的灵魂，理解 Python 之禅能帮助开发人员编写出优秀的 Python 程序。在 Python 的交互式运行工具 IDLE（也称为 Python Shell）中输入命令 import this，显示的内容就是 Python 之禅，如图 1-1 所示。

```
>>> import this
The Zen of Python, by Tim Peters

Beautiful is better than ugly.
Explicit is better than implicit.
Simple is better than complex.
Complex is better than complicated.
Flat is better than nested.
Sparse is better than dense.
Readability counts.
Special cases aren't special enough to break the rules.
Although practicality beats purity.
Errors should never pass silently.
Unless explicitly silenced.
In the face of ambiguity, refuse the temptation to guess.
There should be one-- and preferably only one --obvious way to do it.
Although that way may not be obvious at first unless you're Dutch.
Now is better than never.
Although never is often better than *right* now.
If the implementation is hard to explain, it's a bad idea.
If the implementation is easy to explain, it may be a good idea.
Namespaces are one honking great idea -- let's do more of those!
>>>
```

图 1-1　Python 之禅

Python 之禅逐句翻译并解释说明如下。

0.The Zen of Python, by Tim Peters

Python 之禅 by Tim Peters。

1.Beautiful is better than ugly.

优美胜于丑陋（Python 以编写优美的代码为目标）。

2.Explicit is better than implicit.

明了胜于晦涩（优美的代码应当是明了的，命名规范，风格相似）。

3.Simple is better than complex.

简洁胜于复杂（优美的代码应当是简洁的，不要有复杂的内部实现）。

4.Complex is better than complicated.

复杂胜于凌乱（如果复杂不可避免，那代码间也不能有难懂的关系，要

保持接口简洁 ）。

```
5.Flat is better than nested.
```

扁平胜于嵌套（优美的代码应当是扁平的，不能有太多的嵌套）。

```
6.Sparse is better than dense.
```

宽松胜于紧凑（优美的代码有适当的间隔，不要奢望用一行代码解决问题）。

```
7.Readability counts.
```

可读性很重要（优美的代码是具有很好的可读性的）。

```
8.Special cases aren't special enough to break the rules.
9.Although practicality beats purity.
```

即便是特殊情况，也不可违背这些规则（这些规则至高无上）。

```
10.Errors should never pass silently.
11.Unless explicitly silenced.
```

不要忽略 / 隐藏错误，除非经过深思熟虑，可以故意忽略这些错误。

```
12.In the face of ambiguity, refuse the temptation to
   guess.
13.There should be one-- and preferably only one --obvious
   way to do it.
14.Although that way may not be obvious at first unless
   you're Dutch.
```

面对不明确的语义时，拒绝瞎猜。而是应该尽量找一种，最好是唯一一种显而易见的解决方案（通常最佳的解决方案只有一种）。虽然这并不容易，因为你不是 Python 之父（这里的 Dutch 是指 Python 之父吉多）。

```
15. Now is better than never.
16. Although never is often better than *right* now.
```

做比不做要好，但不假思索就动手还不如不做（动手写代码前要先仔细思量）。

```
17.If the implementation is hard to explain, it's a bad idea.
```

如果无法向别人解释清楚你的方案（言外之意是你的方案很复杂难懂），

那这不是一个好方案。

> 18. If the implementation is easy to explain, it may be a
>   good idea.

如果你能向别人解释清楚你的方案，那这也许是一个好方案（好方案的评判标准）。

> 19. Namespaces are one honking great idea -- let's do more
>   of those!

命名空间非常有用，应当多加利用（建议多使用命名空间）。

任务 1.2　在计算机上安装 Python

想要在计算机上使用 Python 语言，需要在计算机中配置编程环境，关于 Python 语言的一切配置都在这个环境中进行。不同的操作系统需要安装 Python 开发环境的具体操作是不同的，这里只介绍 Windows 环境下的 Python 安装。

根据使用的 Windows 版本的不同，可以下载的对应版本的 Python 如下。

（1）Windows 10 及以上版本的系统，可以安装最新版的 Python 3.10。

（2）在 Windows 7 中安装 Python 3.8.10 或之前的版本，因为从 Python 3.9.0 版开始不再支持 Windows 7。

（3）在 Windows XP 中可以安装 Python 3.4.4 或之前的版本，因为 Python 从 3.5.0 版本开始不再支持 Windows XP 了。

在不同版本的 Windows 下载不同版本 Python 的操作大同小异。这里以在 Windows 10 操作系统中下载 Python 3.10.5 为例介绍配置过程，只需要下载、安装、测试 3 个步骤就可以完成。

1. 下载

Python 是免费的，可以在其官网下载。具体方法如下。

打开官方网址: https://www.python.org/downloads/windows，选择页面左

侧 Python 3.10.5-June6，2022 下的 Download Windows installer(64-bit)，如图 1-2 所示。

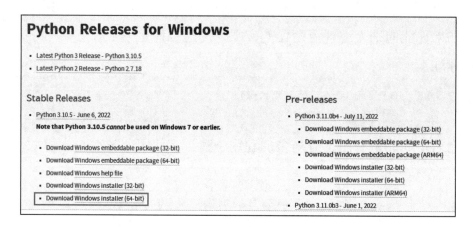

图 1-2　官网下载界面

此时浏览器会弹出下载窗口，设置好下载目录和文件名（默认为 python-3.10.5-amd64.exe），单击"确定"按钮即可开始下载。

2. 安装

找到下载完成的文件，双击这个文件，进入安装窗口，如图 1-3 所示。 在窗口中，首先选中最下面的 Add Python 3.10 to PATH 复选框，单击 Install Now 按钮，安装软件。

图 1-3　安装窗口

等待几分钟，会弹出安装完成界面，如图 1-4 所示。单击 Close 按钮，关闭窗口。Python 开发环境就安装完成了。

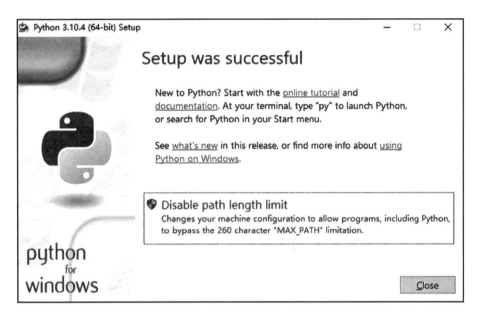

图 1-4　安装完成

3. 测试

单击"开始"菜单，"最近添加"菜单下就会出现刚刚安装的 Python 开发环境的快捷方式，如图 1-5 所示。

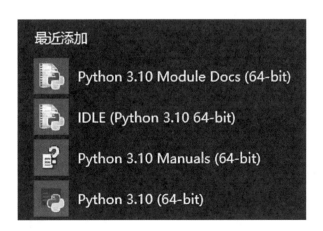

图 1-5　Python 快捷方式

单击 IDLE（Python 3.10 64-bit）即可打开 Python 自带的开发环境，其

界面如图 1-6 所示。这个文本界面叫作 Python Shell，也就是 Python 自带的解释器。

图 1-6 Python Shell 界面

任务 1.3　在解释器中编写第一个 Python 程序

在光标位置输入 print（"你好，Python！"），按下 Enter 键，双引号中的内容就会出现在下一行，如图 1-7 所示。这样，就完成了第一个程序！

图 1-7 第一个程序

这一条指令代码中有两种显示颜色，紫色和绿色，运行结果则是蓝色。这就是 Python 的高亮显示功能。编辑器用不同的颜色显示代码中不同的内容，这对编程很有帮助。具体来说，紫色部分表示 print 函数，绿色部分表示字符串，蓝色部分表示正常输出结果。

只有指令语句编写完全正确时，才会显示它们本该的颜色。对比指令的颜色，也可以帮助我们发现一些语法上的错误。

编程时很有可能会出现错误，导致 Python 看不懂这些指令，因为这不符合 Python 语言规则。这时，Python 会指出错误，修正以后再次调试就可以了。

1. 语法错误

运行代码时，当出现如图 1-8 所示的提示，说明代码中有语法错误，并在错误代码中用高亮红色显示。这表明 Python 此时不理解这条指令。

图 1-8 中的错误是字符串使用的双引号格式错误，应该用英文格式的双引号，在程序编写时应注意区分。

```
>>> print("你好")
SyntaxError: invalid character in identifier
>>>
```

图 1-8 语法错误提示

2. 其他可能的错误报告

拼写错误的错误报告一般有 4 行，第二行会指出错误所在的具体位置，最后一行指出错误原因。如图 1-9 所示，就是说明 print 函数拼写错了。改正以后，重新调试即可。

```
>>> ptont("nihao")
Traceback (most recent call last):
  File "<pyshell#6>", line 1, in <module>
    ptont("nihao")
NameError: name 'ptont' is not defined
```

图 1-9 错误诊断报告

任务 1.4　总结和评价

（1）展示操作结果，互相交流。

（2）项目 1 已完成，在表 1-1 中画☆进行评价，最多画 3 个☆。

表 1-1　项目 1 评价表

评 价 描 述	评 价 结 果
我能描述对 Python 的初步认识，并与同学交流	
我会下载、安装 Python 开发环境	
我能完成 print……指令，并测试成功	
我能做到遇到问题或困难时，主动寻求解决办法	
我能主动完成编程挑战	

（3）编程挑战如下。

使用 print 指令，在 Python Shell 中，完成如下操作。

① 打印出"Hello，Python World"。

② 打印出"你好，Python 世界"。

③ 试试打印其他你想打印出来的文字或打印同学的名字。

项目2 与计算机对话

　　本项目先通过使用变量的方法实现类似于项目1的print指令功能,既巩固学过的知识点,又引入新的知识点,即变量的命名和使用。在此基础上,使用input函数获取信息用print函数输出信息,两个函数配合使用可以实现与计算机的问答交流。

　　通过本次学习,了解"变量"的概念,掌握其命名和用法,学习使用文件式编程,保存编写完成的Python程序代码,以便随时查看和修改之前的程序。这些都是为编写复杂程序必须要做的工作,对之后的学习非常有用。

任务 2.1　换个方式说 Hello

在项目1中，使用print函数，只需要一行指令，就可以在屏幕上打印出"你好，Python！"。如果使用变量来实现同样的功能，可以这样做。如图2-1（a）所示，使用了变量message存储要打印的内容。

```
File  Edit  Shell  Debug  Options  Window  Help
Python 3.5.3 (v3.5.3:1880cb95a742, Jan 16 2017, 15:51:26) [MSC v.1900 32 bit (In
tel)] on win32
Type "copyright", "credits" or "license()" for more information.
>>> message="Hello,Python!"
>>> print(message)
Hello,Python!
>>>
```

(a)

```
File  Edit  Shell  Debug  Options  Window  Help
Python 3.5.3 (v3.5.3:1880cb95a742, Jan 16 2017, 15:51:26) [MSC v.1900 32 bit (In
tel)] on win32
Type "copyright", "credits" or "license()" for more information.
>>> message="Hello,Python!"
>>> print(message)
Hello,Python!
>>> message="你好，Python！"
>>> print(message)
你好，Python！
>>>
```

(b)

图 2-1　使用变量打印信息

想要再打印一行"你好，Python！"，可以再次使用变量message，如图2-1（b）所示。同一个变量是可以在一个程序中反复使用的，最终打印的内容，取决于该变量最后一次存储的内容。

使用这个方法打印出更多你想打印的文字。

总之，变量就是用来保存和表示数据的字符，是用来存储程序执行过程中可变的量。在程序中，使用＝向变量赋值或者修改数值。如图2-1所示的例子中，message 是一个变量名，"="是赋值符号，指令的意思就是向变量

message 赋值"Hello，Python！"。

任务 2.2　编辑器的使用

如果 Python 要打印的内容是一个答案，那么就需要先输入一个问题，再根据问题打印出答案。这样的人机交流也是通过编程来实现的。一些看起来很随机的人机对话，如果没有编程，机器人是不会回答问题的。因为机器人有一个聪明的人工大脑，而它的答案是依赖大数据得以实现的。

在开始学习新指令之前，先要了解 Python 自带的编辑器。这个编辑器的外观与项目 1 中的稍微有些不同。

1. Python 编辑器

Python Shell 编程窗口可以直接编写程序，按 Enter 键就能执行，这种编程方式叫作交互式，也可以直接称为 Shell 模式。虽然每写一行指令，按 Enter 键就能判断指令是否正确，但是编写完成的程序无法保存。因此，这种模式在学习初期可以用来编写简单的代码，帮助我们熟悉指令，减少语法错误。

Python 还自带一个编辑器，在这里可以将编写成功的代码保存为文件，存放在计算机中。这种编写方式叫作文件式，下次需要查看或修改文件时，可以直接打开。

从开始菜单选择并进入 IDLE，就是 Python Shell 窗口。在这个窗口选择 File → New File 命令，就可以创建名为 Untitled 的空白窗口，如图 2-2 所示。在这里编写的程序可以以文件形式保存起来。为了方便程序的调试和修改，随后项目中的程序编写都使用这种方式进行。

使用之前编写过的程序，熟悉这个编辑器的使用。

（1）从开始菜单打开 IDLE，进入 Shell 窗口。

（2）在 Shell 窗口，选择 File → New File 命令，新建一个文件，进入

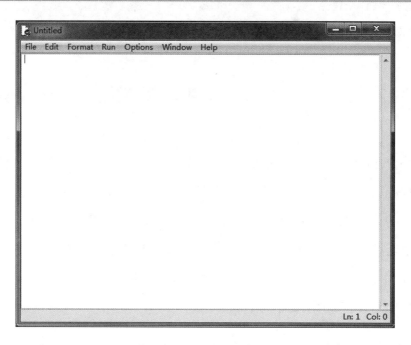

图 2-2　Untitled 窗口

Untitled 窗口。

（3）在这个窗口中输入图 2-1（a）所示的代码。

接下来，按下面的步骤保存和测试代码。

（1）选择 Run → Run Module（F5）命令，运行指令。此时，Python 会弹出保存文件窗口，单击"确定"按钮，如图 2-3 所示。

图 2-3　保存文件提示

（2）在弹出的"另存为"对话框中输入文件名"项目二信息打印"，选择要保存的位置，随后单击"保存"按钮，就完成文件保存了，如图 2-4 所示。

（3）如果程序没有错误，在弹出的 Python Shell 窗口中观察运行结果，如图 2-5 所示。

图 2-4　保存文件

```
File  Edit  Shell  Debug  Options  Window  Help
Python 3.5.3 (v3.5.3:1880cb95a742, Jan 16 2017, 15:51:26) [MSC v.1900 32 bit (In
tel)] on win32
Type "copyright", "credits" or "license()" for more information.
>>>
================== RESTART: D:\科普教材课程体系\pyhon\项目二用变量法打印.py =====
==============
Hello Python!
>>>
```

图 2-5　运行结果

2. 使用 input 函数

使用一个名称为 name 的变量，来保存程序运行时输入的名字。与
Python 进行互动，实现有问有答，还需要使用 input 函数，用来获取程序运
行时输入的信息。图 2-6 所示的代码，使用 input 函数来获取输入的姓名信息，
并使用 name 这个变量存储。

按之前的方法，创建一个新文件，再开始输入代码。先思考一下，怎
么写代码？可以参考图 2-6 所示的程序代码。确认无误后，保存文件，选择
Run → Run Module 命令或按快捷键 F5，运行程序，观察运行结果。

如果代码编写没有错误，就可以看到 Python Shell 编程窗口，显示出了"你叫什么名字？"，在这个问题的下一行，输入你的名字，如输入"刘涛"，并按下 Enter 键，程序就会打印出"你好，刘涛"，如图 2-7 所示。

```
name=input("你叫什么名字?\n")
print("你好,",name)
```

图 2-6　指令代码

```
========
你叫什么名字?
刘涛
你好，刘涛
>>>
```

图 2-7　运行结果

关键技能如下。

（1）括号、引号、逗号等字符必须在英文模式下编辑，否则 Python 不能识别。

（2）变量名也可以使用汉字。

（3）打印多个元素时中间用"，"隔开。

 ## 任务 2.3　扩展阅读：变量命名的规则

编程时，需要使用变量的时候，先要为即将使用的变量命名。设置一串由大小写字母、数字、下画线、汉字等字符组成的符号，如任务 2.1 中用到的 message，就是由小写字母组成的，它代表信息的意思。需要注意的是，数字和下画线都不能作为变量的开头，大写字母和小写字母是不同的变量。可见，命名并不是随意的，也是有一些规则的，而且应该方便理解，一看就能明白它的用处。

仔细分辨，下面这些变量哪些是合法的，哪些是不合法的。

Temp　python　Python　　快乐编程　123python　好好学习 _Python

此外，Python 还保留了一些关键字，用于编程内部语言使用，是不可以当变量名使用的。编程时，一旦使用了这些关键字给变量命名，将是不合法操作，会导致程序错误，无法运行。这些字符叫作保留字，一共有 33 个，如表 2-1 所示。这些保留字都有自己的作用，在之后的学习中会逐渐了解它们的使用。

这些保留字也是 Python 的基本单词,正如学习英语一样,也有基本单词。此外,还有语句和函数,如赋值语句、print 函数等。基本单词、语句和函数按照语法规则组成一段代码,用来完成某个或一些特定的任务。结合图 2-6 所示的两行代码,找一找这里面有哪些基本单词、语句和函数。

表 2-1　Python 的保留字

and	elif	import	raise	global
as	else	in	return	nonlocal
assert	except	is	try	True
break	finally	lambda	while	False
class	for	not	with	None
continue	from	or	yield	
def	if	pass	del	

任务 2.4　总结和评价

（1）展示作品,交流体会。

（2）项目 2 已完成,评价自己在学习中的发现、疑问和收获,并在表 2-2 中画上☆,最多画 3 个☆。

表 2-2　项目 2 评价表

评 价 描 述	评 价 结 果
能与同伴交流自己对变量的认识	
会编写包含变量的简单程序,并测试成功	
编写代码时,能做到细致和耐心	
经过检查和校对,能主动发现编写错误,并修正	
能对原程序做一两处修改,并测试成功	

（3）编程挑战如下。

① 设计程序,当输入姓名后,计算机屏幕显示"你好,＊＊＊,很高兴认识你"。

② 建立一个变量,表示年龄,并设计程序询问年龄。

③ 设计程序询问其他问题。

项目3　计算能手

　　本项目首先学习在编辑器中直接输入算式，练习键盘输入，熟悉算式的编写。然后，通过编写程序实现互动：询问出题、获取题目、打印答案。在学习数学的时候，数字有哪些类型呢？有整数、小数、分数等。Python 的数字类型涉及整数、浮点数等。

　　除了学习算式的输入和数字的表达，还需要巩固变量的使用，学习 while 循环的基本用法。

任务 3.1　在解释器中做计算题

进入 Python Shell 解释器就可以自由出题了，输入题目，按下 Enter 键，Python 马上就能给出答案。

对照图 3-1，在键盘上找一找 Python 能认识的运算符号。表 3-1 列出了键盘输入方式以及常见算式举例。

图 3-1　键盘示意图

表 3-1　运算符号及示例

名　　称	符　　号	键盘输入方式	算 式 举 例
加法	+	Shift++	3+2
减法	−	−	10–8
乘法	*	Shift+*	8*3
除法	/	/	20/5
小括号	（ ）	Shift+（ ）	（8+2）*2
取余	%	Shift+%	10%7

由易到难，试试输入如图 3-2 所示算式，然后接着出题，试着输入你认为最复杂的算式。看起来，Python 做计算题似乎不需要思考时间！

```
File  Edit  Shell  Debug  Options  Window  Help
Python 3.5.3 (v3.5.3:1880cb95a742, Jan 16 2017, 15:51:26) [MSC v.1900 32 bit (In
tel)] on win32
Type "copyright", "credits" or "license()" for more information.
>>> 3+2
5
>>> 8*3
24
>>> 2*(2+8)
20
>>> (19+35)/4
13.5
>>> 378-92
286
>>>
```

图 3-2　数字计算

还能想到哪些算式？跟同学一起输入同样的算式，每一台计算机里的 Python 计算出来的结果都是一样的吗？

任务 3.2　*X*=*X*+2

如果用变量表示一个数，怎样写加法算式呢？例如，*X*=2，*X*=*X*+7，这两个等式，按照数学课学习的计算方法，是不成立的。如图 3-3 所示，试试输入这两个算式，看看 *X* 是多少？

Python 是怎样计算的呢？尽可能多地写一写类似的算式，自己先算一算答案，再让 Python 算一算，比较答案是否一致。

```
File  Edit  Shell  Debug  Options  Window  Help
Python 3.5.3 (v3.5.3:1880cb95a742, Jan 16 2017, 15:51:26) [MSC v.1900 32 bit (In
tel)] on win32
Type "copyright", "credits" or "license()" for more information.
>>> X=2
>>> X
2
>>> X=X+7
>>> X
9
>>> X=X*3
>>> X
27
>>> X=X*X/9
>>> X
81.0
>>> X=X-32
>>> X
49.0
>>>
```

图 3-3　变量 *X* 的运算

随着算式的改变，变量 X 表示的数值也在变化，并通过 = 符号存放到变量 X 中。这个过程叫作赋值。例如，把数字 2 赋值给 X，再将 X+7 的运算结果赋值给 X，其实就是把 2+7 的计算结果赋值给 X，此时变量 X 的值是 9。

从图 3-3 中可以发现，所有的计算结果是没有分数形式的，只有整数或者小数。可是，明明计算结果是整数 81，为何 Python 却显示 81.0 呢？

 ## 任务 3.3 给 Python 出计算题

能够熟练地输入算式以后，本任务学习编写一个完整的程序。当给计算机出一道计算题后，按下 Enter 键，屏幕即显示结果。学习中，按照由易到难的过程，首先是简单的一次问答，然后是多次问答，以及循环结构。

1. 单次运行

想要保存编写的程序，就需要创建一个 **.py 的文件。编写完成的程序可以保存、打开、调试和修改。首先需要明确任务是什么，思考用什么办法实现，再动手编写。

（1）任务描述。

屏幕显示"输入一道计算题："，等待输入计算题之后，屏幕打印出"正确答案是："。

（2）任务分析。

需要使用 input 函数获取问题信息，使用 print 函数输出答案，使用 problem 作为变量，存储获取的计算题。

（3）解锁新技能。

使用 eval 函数，可以将字符串转化为一个数值，并返回这个数值。可以简单地理解为"去掉最外层引号"。例如，输入算式 3+2，程序将运行代码 problem="3+2"，当 eval 剥去了"3+2"外面的引号后，会对它进行解析，满足要求后进行计算，并返回计算结果。

相反地,如果输入了一个不正确的算式,Python 解析后,认为它不能计算,还会判断它是不是一个变量,如果是就会输出这个变量的内容,如果不是就会报错。这是 Python 在给你提示,需要重新检查代码了。

（4）代码编写和调试。

① 打开 IDLE,依次选择 File → New File 命令,新建一个文件。

② 输入程序代码,还可以为其增加注释,一般以红色显示,用 # 开头,如图 3-4 所示。

③ 依次选择 Run → Run Module 命令后,提示保存文件,保存后自动弹出运行窗口。

④ 输入一道计算题,输入完成,按下 Enter 键,显示计算结果,如图 3-5 所示。

⑤ 重复步骤③和④,可以再次运行程序。

```
File  Edit  Format  Run  Options  Window  Help
#计算题，单次运行
problem=input("请输入一道计算题:")
print("正确答案是：",eval(problem))
```

图 3-4　计算题代码编写（单次）

```
===========
请输入一道计算题:5-3
正确答案是：  2
>>>
```

图 3-5　计算题代码调试

2. 按顺序执行（多次重复）

通过调试可以发现,输入一道计算题,计算完成后,程序就运行结束了。如果要实现连续多次做不同的计算题,可以多次重复编写上面的两行代码,如图 3-6 所示。想要做几次不同的计算,就需要重复编写几组代码。

对于重复或相似的代码,采用逐行复制、粘贴的方法,只对一些参数略加修改即可，甚至不需要修改，就可以快速写完很长的代码，如图 3-6 所示。

```
 File  Edit  Format  Run  Options  Window  Help
#计算题，多次运行
problem=input("请输入一道计算题:")
print("正确答案是: ",eval(problem))

problem=input("请输入一道计算题:")
print("正确答案是: ",eval(problem))

problem=input("请输入一道计算题:")
print("正确答案是: ",eval(problem))

|
```

图 3-6　计算题代码编写（多次）

任务 3.4　程序优化：while 循环

从任务 3.3 论述可见，需要做 3 次计算，就要重复 3 次编写计算代码，若需要做 30 次计算，就要重复 30 次。遇到这种有规律的、反复执行某段功能程序的情况时，可以对程序进行优化，引入新指令，为程序增加循环结构，让程序看起来更简洁。

1. 任务描述

通过编程，实现输入一道计算题，显示答案后，再次输入一道计算题，显示答案，如此循环，直到输入 q 字符结束出题。

2. 任务分析

将重复的顺序结构简化为循环结构。计算机能够循环执行任务，需要知道什么时候开始循环，什么时候结束循环。也就是什么时候要求出题，什么时候停止出题。如果不想出题的时候，按某个键"退出"就可以了。"退出"的英文单词是 quit。因此，取首字母，将循环条件设置为判断输入的内容是否是 q。当输入内容是字母 q 时，就结束循环。

3. 解锁新技能

while 指令可以实现类似的循环结构。它的意思是"当……时候就……"。语法格式如下：

```
while（循环条件）:
    循环主体
```

首先画出流程图，理清思路，如图 3-7 所示。

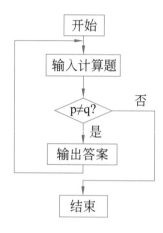

图 3-7　计算题 while 循环流程图

4. 代码编写和调试

为了简化字母拼写，可以用字母 p 作为变量名，存储输入的计算题。

（1）打开 IDLE，依次选择 File → New File 命令，新建一个文件。

（2）输入程序代码，还可以为其增加注释，一般以红色显示，用 # 开头，如图 3-8 所示。

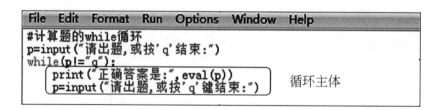

图 3-8　计算题的 while 循环代码

（3）依次选择 Run → Run Module 命令后，提示保存文件，保存后自动弹出运行窗口。

（4）运行结果：在运行窗口中出现"请出题，或按 'q' 结束："的一行文字，在冒号后输入要计算的数学式子，再按 Enter 键，在下一行显示计算结果；显示结果后又自动弹出"请出题，或按 'q' 键结束："的一行文字，可以继续出题或输入 q 后结束程序运行，图 3-9 中是连续输入 4 个计算题后的界面。

```
===========
请出题,或按'q'结束:18**2
正确答案是: 324
请出题,或按'q'键结束:18*18
正确答案是: 324
请出题,或按'q'键结束:398-256
正确答案是: 142
请出题,或按'q'键结束:32/4+(7-2)
正确答案是: 13.0
请出题,或按'q'键结束:q
>>> |
```

图 3-9　计算题 while 运行结果

5. 关键技能

（1）语法格式：while 语句后有"："，循环主体代码要缩进，可以理解为"逢冒号必缩进"。

（2）"! ="是不等于符号，它包括一个"！"和一个"="。

（3）屏幕出现光标 >>>，表示程序结束。

（4）18**2，表示 18 的平方，也就是 18*18。注意与 18*2 进行区分。

任务 3.5　扩展阅读：Python 的基本数据类型

Python 中有 6 个基本数据类型，分别是 Number（数字）、String（字符串）、List（列表）、Tuple（元组）、Set（集合）、Dictionary（字典）。其中，不可变数据类型有 3 个：Number（数字）、String（字符串）、Tuple（元组）；可变数据类型有 3 个：List（列表）、Set（集合）、Dictionary（字典）。

1. 数字型

Python 3 支持整型（int）、浮点型（float）、布尔型（bool）、复数（complex）

4 种数字类型。

（1）整型。Python 中的整数没有长度限制，如输入代码：print（9**999），计算 9 的 999 次方，观察运行结果。恐怕任何语言都不能允许如此长的整型数。

整数类型有十进制、二进制、八进制和十六进制，每种写法使用不同的前缀进行区别。最常见的就是十进制写法，如 32000、898 等。无论写代码时使用哪种进制，运行时，Python 都会自动转换为十进制输出。

十六进制写法：加前缀 0x，出现 0~9 和 A~F 的数字和字母组合。

八进制写法：加前缀 0o，出现 0~7 的数字组合。

二进制写法：加前缀 0b，只有 0 和 1 的数字组合。

可以使用 print 指令输入这些数据类型，体会进制的书写规范和 Python 的执行结果。例如，可以使用下面这些语句，观察运行结果。

```
print (0x10)
print (0o10)
print (0b10)
```

（2）浮点型。Python 语言中带小数点的数都可以称为浮点数，一般把长度短的叫作小数。浮点数只能以十进制表示，不能加前缀，否则会报语法错误。

与整型不同，浮点数有长度限制，边界值为 max=1.7976931348623157e+308，min=2.2250738585072014e-308。

（3）布尔型。布尔型就是通常说的逻辑，使用比较运算符连接，表示对和错。例如，print（100==100.0），就是比较两个值是否相等，运行结果为 true，而不是括号中的内容。

（4）复数。Python 中的复数这样来表示：1 + 1j，虚部为 1，仍不可省略。例如：

```
print((1 + 2j).real) # 输出实部 float 类型
print((1 + 2j).imag) # 输出虚部 float 类型
```

运行结果是

```
1.0
2.0
```

2. 字符串

通俗来说，字符串就是字符组成的一串内容，Python 中用成对的单引号或双引号括起来，用 3 个单引号或双引号可以使字符串内容保持原样输出，可以包含 Enter 等特殊字符，在 Python 中字符串是不可变对象。

最为熟悉的是 input（"……"），引号内部的数据就是字符串类型。如果没有外面的引号，Python 会认为这可能是一个没有定义的变量，然后报错。

字符串可以进行很多操作，常见的有字符串长度、字符串连接、字符串索引、字符串切片等。伴随着编程学习的深入，这些操作方法可以解决更多问题。

3. 其他几种基本数据类型

其他几种基本数据类型，在基础入门阶段只做了解就可以，因为比较少用到，理解起来也较为复杂。其中的列表数据类型，在后续的 for 循环学习中会有一些浅显的应用。

此外，Python 的数据类型还可以相互转换，如 str(x)，就是将对象 x 转换为字符串 eval（str），用来计算在字符串中的有效 Python 表达式，并返回一个值。

总之，数据类型是所有计算机语言中必不可少的基础知识，也是非常重要的组成成分。按照 Python 的规则，正确使用这些数据类型，才能编写出完美的代码，从而进行各种各样的控制，完成各种各样的任务。

 ## 任务 3.6　总结和评价

（1）展示程序运行结果。

（2）谈谈自己对每一行程序代码的理解。

（3）项目 3 已完成，在表 3-2 中画☆，最多画 3 个☆。

表 3-2　项目 3 评价表

评 价 描 述	评 价 结 果
我能正确输入算式	
我能编写项目中的"单次运行"程序，并调试成功	
我能熟练地使用键盘输入代码，细致且有耐心	
我能说出对项目中的 while 语句的理解	
我能编写项目中的"while 循环"，并调试成功	

（4）编程挑战如下。

① a=3，b=5，编写程序并交换 a、b 的值，使 a=5，b=3。

提示：交换两个变量中的数值，不是简单地给变量赋值。试想：要把两个杯子里的溶液互换，需要使用第三个杯子。用类似的思路可以完成这个编程挑战！

② 设计程序，用 while 循环交换 a、b 的值。

提示：首先要进行变量初始化。while 循环可以做到输入任意两个数值，都可以进行数值交换，需要用到 input 函数和 print 函数。打印时，应保证格式清晰。

项目 4　绘　图　能　手

　　绘图世界缤纷多彩，有常见的图形，如圆形、正方形、三角形等，有看起来复杂却有规律的螺旋线，有可爱的卡通人物和玩偶等。同学们用什么画图呢？是铅笔、直尺和圆规吗？Python 有一个"turtle 绘图库"，单词 turtle 的意思就是"海龟"，它是一个绘图能手。在默认状态下，"画笔"是光标箭头，可以使用 turtle.shape 函数设置为海龟造型。"海龟"一开始出现在画布的中心位置，可以编写程序控制海龟移动，它走过的轨迹就是绘制的图形。这只会画图的海龟和 turtle 绘图库一起构成一个直观、有趣的图形数据库。

　　本项目学习使用 turtle 画图的方法，学习编写程序让海龟画出各种圆形图案以及长方形、三角形等，学习使用 for 循环控制程序，让绘图变得更简单。只要愿意尝试，多多动手动脑，就一定能画出美丽的图画！

任务 4.1 画一个圆形

使用海龟画图工具，画一个直径为 100 的整圆。控制海龟画图时，需要在每一条语句前都写上 turtle。

1. 画圆

先要让海龟出现在画布上，import 语句可以导入需要使用的绘图库，这就好像在说："海龟，快出来画图了！"画整圆的指令为 turtle.circle（半径）。

打开 IDLE 新建一个文件，按上面的分析输入指令代码，如图 4-1 所示。

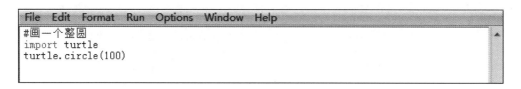

```
#画一个整圆
import turtle
turtle.circle(100)
```

图 4-1 画一个圆的代码

保存并运行上述代码，将会看到海龟在画布中央，以中心坐标点为圆心，画出一个半径为 100 的圆形，如图 4-2 所示。

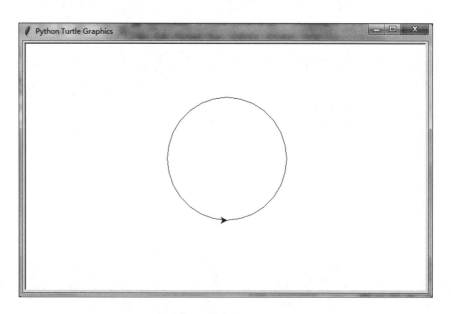

图 4-2 画圆形运行结果

半径也可以为负数，Python 会执行另外的画图效果。或者，可以画一个不同大小的圆形，修改图 4-1 中的参数，观察运行结果。

2. 设置画笔颜色和粗细

很多画图工具都可以改变画笔颜色和粗细，turtle 画图也可以这样。只要在图 4-1 的代码中增加两行就可以，代码如图 4-3 所示。需要注意的是，blue 是字符串类型的数据，需要加双引号。

保存并运行代码，将会看到 turtle 画出一个蓝色的圆形，画出的线也变粗了。

尝试使用其他颜色名称，如 red、yellow、orange 等，改变画笔粗细数值，观察运行结果。或许你能画出一个甜甜圈！

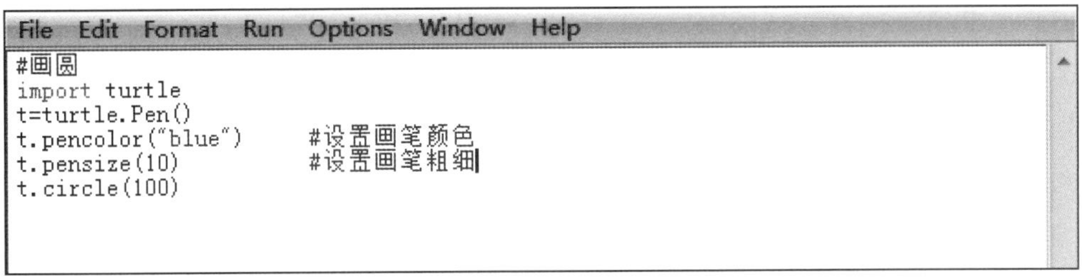

```
File  Edit  Format  Run  Options  Window  Help
#画圆
import turtle
t=turtle.Pen()
t.pencolor("blue")      #设置画笔颜色
t.pensize(10)           #设置画笔粗细
t.circle(100)
```

图 4-3　设置画笔颜色和粗细

之前讲过，控制海龟画图，每条绘图指令前面都要使用 turtle，这一次却变成了只有一个字母 t。那是因为，每次都要写 turtle，实在是太麻烦了。为了让程序编写更轻松，代码看起来更简洁。在第二行使用"t=turtle.Pen()"指令，后面的指令就可以用字母 t 代替 turtle 了。

3. 允许通过输入改变颜色

想要改变颜色也可以不用修改程序，而是输入颜色。用变量就可以实现，还记得之前学习过的 input 指令吗？

设置一个 yanse 变量，用来保存输入的颜色，设置画笔颜色的那行代码怎样修改呢？将括号内字符串改为变量名称就可以了。图 4-4 给出了修改后的代码。

```
File  Edit  Format  Run  Options  Window  Help
#画圆
import turtle
t=turtle.Pen()
yanse=input("请输入画笔颜色:")        #设置颜色变量
t.pencolor(yanse)                     #设置画笔颜色
t.pensize(10)                         #设置画笔粗细
t.circle(100)
|
```

图 4-4　允许输入画笔颜色代码

自己先写出代码，保存并调试，再与书中代码比较。图 4-5 是代码运行结果，输入颜色 orange 以后，turtle 画了一个橘色的圆形。应该注意，输入颜色时只能输入英文单词。

还可以改变其他参数，如圆形半径的数值，观察运行结果。

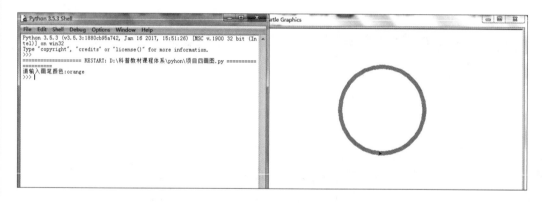

图 4-5　允许输入画笔颜色运行结果

任务 4.2　画圆形螺旋线

一个画圆的小程序，在多次修改之后，具备了更多功能，更加完善。现在，可以控制海龟画更复杂的图形了，如圆形的螺旋线。

圆形是个非常神奇的图形，多个圆形可以组合成更复杂、漂亮的图形。4 个圆形的组合怎样编程？那么 6 个，12 个，更多个圆形呢？

按照项目 3 的学习过程，采用顺序执行和循环结构对比的学习方法，理解海龟画图的方法，巩固对程序结构的理解。

1. 圆形组合的顺序执行

使用 turtle 画一个这样的图形，它由 4 个圆形交叉而成，如图 4-6 所示。

（1）任务分析。

4 个圆形按逆时针顺序画完，先画第一个圆形，画笔向左旋转 90°，再画第二个圆形，以此类推，直到画完第四个圆形。

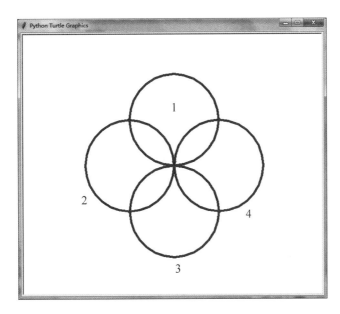

图 4-6　组合花瓣（4 个圆形）

（2）解锁新技能。

画笔左转指令为 left( )，括号内可以直接填写旋转角度数值，或者变量名。

（3）代码编写和调试。

① 打开之前保存的代码（见图 4-4），继续编写。或者新建文件，重新开始编写代码，并为每一行代码添加注释，如图 4-7 所示。

② 检查程序代码，包括语法、单词拼写、格式等。

③ 保存并运行程序。画笔按顺序依次画圆，如图 4-6 所示。

④ 改变参数，测试程序。

2. 圆形组合的循环结构：for 循环

在顺序结构中，使用了 4 次画圆指令，3 次左转指令，最终画出 4 个圆

```
File   Edit   Format   Run   Options   Window   Help
#画圆
import turtle
t=turtle.Pen()
yanse=input("请输入画笔颜色:")        #设置颜色变量
t.pencolor(yanse)                    #设置画笔颜色
t.pensize(5)                         #设置画笔粗细
t.circle(100)                        #画第一个圆
t.left(90)                              #画笔向左转90°
t.circle(100)                        #画第二个圆
t.left(90)                              #画笔向左转90°
t.circle(100)                        #画第三个圆
t.left(90)                              #画笔向左转90°
t.circle(100)                        #画第四个圆
|
```

图 4-7　组合花瓣代码（4 个圆形）

形的组合图形。如果想要画出更多圆形组合，怎么办？重复代码当然不可取，因为即便是画 4 个圆形就有如此多的重复指令了，这个方法太过烦琐。若像项目 3 一样，对程序进行优化，现在也可以对图 4-7 所示的代码进行优化。为此，需要构建一个新的循环结构，即 for 循环。

（1）任务分析。

画一个直径为 100 的圆，左转 90°，这两行指令循环执行 4 次，就能得到 4 个圆形的组合图。

（2）解锁新技能。

下面以 for 循环指令为例，介绍 for 的使用方法，指令中包含的元素如图 4-8 所示。

图 4-8　for 循环指令（数字列表）

① 循环过程。变量默认初始值为 0，每执行一次主体程序，变量自增 1，直到与（ ）内终值相同时结束循环。

② 数字列表。使用 range 函数可以创建一个数字列表，如 range（4），就创建了一个从 0 到 3 的列表【0，1，2，3】。

③ range（）函数的括号内有 3 个参数，即 range（【start, 】stop【, step】）。

Start 表示计数从 start 开始，默认从 0 开始。

Stop 表示计数到 stop 结束，但不包括 stop。

Step 表示步长，默认为 1。

一般只写终值（stop）参数，start 和 step 参数使用默认值，可以不写，除非特殊指定。

（3）编写代码和调试。

① 打开 IDLE，新建一个文件，编辑代码。代码示例如图 4-9 所示。

② 检查语法和逻辑，选择 Run → Run Module 命令，并保存文件名为 for 循环画圆 .py。

③ 程序的运行结果如图 4-10 所示。

④ 调整钢笔颜色和粗细，按 F5 键，观察运行结果。

⑤ 理解每一次循环，完成表 4-1。

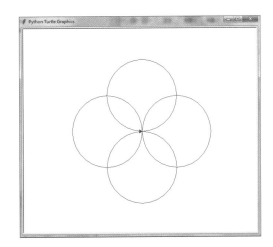

```
File  Edit  Format  Run  Options
#使用for循环画圆
import turtle
t=turtle.Pen()
for i in range(4):
    t.circle(100)
    t.left(90)
```

图 4-9　for 循环画圆代码

图 4-10　运行结果

表 4-1　循环过程及其数据变化

变量 i 的值	与终值比较	执 行 命 令
i=0	0<4	画第一个圆形

3. 更多圆形组合

通过观察，可以发现，左转 90°，画 4 个圆，画笔走完 360°，也就是 90° *4=360°，刚好回到起点位置。如果想画更多的圆，如 6 个圆，就要缩小左转角度 60°（ 360° /6=60°）。

尝试修改程序中的参数，观察运行结果。最多可以画多少个圆的组合？思考如图 4-11 所示图案是怎样通过编程画出来的，自己仿照上面的程序编写程序，并调试成功。

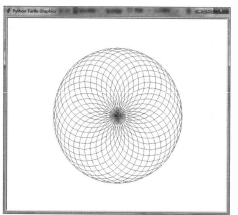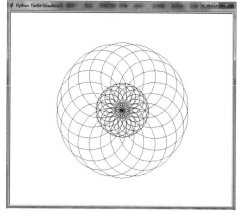

图 4-11　漂亮的圆形图案

任务 4.3　画 长 方 形

长方形有 4 条边，且两条对边相等；有 4 个角，且 4 个角都是直角。通过画长方形，巩固用图库画图的方法，学习画直线指令。

1. 任务描述

使用顺序结构，画一个长方形，笔的粗细和颜色任选。

2. 任务分析

首先导入海龟图库，选择画笔，设置画笔的颜色和粗细。

从默认起点坐标开始，画一条线段，长度为 150 像素点，接着画笔向左转 90°，画第二条长度的线段，长度为 100 像素点，左转 90°，画第三条线段（与第一条相等），左转 90° 画第四条线段（与第二条相等），结束。

3. 解锁新技能

画直线指令为 turtle.forward（距离），也可以写为 turtle.fd（距离）。

4. 编写代码和调试

① 打开 IDLE，新建一个文件，编写代码。代码示例如图 4-12 所示。

② 检查语法和逻辑，选择 Run → Run Module 命令，并保存文件名为画长方形 .py。

③ 程序的运行结果如图 4-13 所示。

```
File  Edit  Format  Run  Options  Window  Help
#画长方形
import turtle              #导入海龟图库
t=turtle.Pen()             #定义画笔
t.pencolor("green")        #设置画笔颜色
t.pensize("5")             #设置画笔粗细
t.forward(150)             #画第一条线段：长
t.left(90)                 #画笔左转90°
t.forward(100)             #画第二条线段：宽
t.left(90)
t.forward(150)             #画第三条线段：长
t.left(90)
t.forward(100)             #画第四条线段：宽
```

图 4-12　画长方形代码

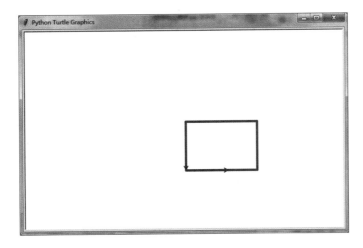

图 4-13　运行结果

任务 4.4　扩展阅读：turtle 玩法大集合

turtle（海龟）是用 Python 来实现的绘图体系。turtle 绘图体系诞生于 1969 年，最早应用于计算机 Logo 语言。Python 2.6 以后的版本中引入了这个绘图工具，是 Python 语言的标准库之一，也是入门级的图形绘制函数库。turtle 库随解释器直接安装到操作系统中，不需要另外安装。

海龟画图三要素是画布、画笔和命令。

下面给出海龟的玩法（原理）大集合，从这里可以得到玩法规则，掌握这些规则，多动手绘图，神奇的图案就一定能诞生在你的手中！

1. 画布

画布就是绘图区域，可以设置好大小和位置。就好比要用一张纸来画画，可以选择纸张的大小和摆放的位置。画布命令、举例及说明如表 4-2 所示。

表 4-2　画布命令、举例及说明

命　　令	举例（单位：像素）	说　　明
turtle.size（宽、高、背景颜色）	turtle.size（800,600，"green"）	设置画布的宽为 800，高为 600，背景颜色为绿色

2. 画笔

画笔就是一只小海龟，默认状态是趴在画布的原点（0,0），正面朝向 X 轴正方向。这是它的初识状态。画笔类别及说明如表 4-3 所示。

表 4-3　画笔类别及说明

类　　别		说　　明
画笔默认状态		原点（0，0），面朝 X 轴正方向
画笔属性	宽度	turtle.pensize（宽度），括号内参数是画笔宽度值，如 10
	颜色	turtle.pencolor（颜色），颜色可以是字符串 "green"，也可以是 RGB 三元组
	移动速度	turtle.speed（速度），速度范围为 [0,10] 中整数，数字越大越快

操纵海龟画图，还有很多命令，包括画笔运动命令、画笔控制命令和全局命令。本书只介绍入门阶段部分命令，如表 4-4 所示。

表 4-4 画笔命令分类及说明

类　别	命　令	说　明
画笔运动命令	turtle.forward（距离）	海龟向当前方向直线移动"距离"像素的长度，距离值为负数，表示海龟向当前方向的反方向移动
	turtle.circle（弧形半径，弧形角度）	绘制弧形。参数可正可负，绘制效果各不相同。circle（50）表示逆时针顺着当前方向绘制半径为 50 的整圆；弧度默认为 360°，可省略。circle（-40,-80）表示逆时针逆着当前方向绘制半径为 40，弧度为 80 的弧形。circle（120,-180）表示顺时针逆着当前方向绘制半径为 120 的半圆
	turtle.right（角度）	顺时针移动角度值
	turtle.left（角度）	逆时针移动角度值
	turtle.up()	提起画笔（海龟飞到另一位置），不留下移动轨迹
	turtle.goto（x，y）	画笔移动（海龟飞到）（x，y）的坐标位置
	turtle.down()	落笔（海龟降落），开始绘图，与 up 配对使用
画笔控制命令	turtle.fillcolor(" 颜色 ")	为图形填充颜色，参数格式为字符串
	turtle.color（color1，color2）	同时设置 pencolor=color1 和 fillcolor=color2
	turtle.filling()	判断海龟是否在填充状态
	turtle.begin_fill()	开始填充
	turtle.end_fill()	填充完成
全局命令	turtle.clear()	清空画布，海龟位置和状态不变
	turtle.reset()	清空画布，海龟恢复起始状态
	turtle.done()	停止绘图，画布悬停，用在程序最后一行

任务 4.5 总结和评价

（1）展示程序运行结果。

（2）说说对 turtle 画图工具的理解，如 turtle 是什么，可以用什么指令，可以画什么图案等。

（3）项目 4 已完成，在表 4-5 中画☆，最多画 3 个☆。

表 4-5　项目 4 评价表

评 价 描 述	评 价 结 果
我会使用 turtle 画圆形	
我会编写 "4 个圆形组合" 程序，并调试成功	
我能描述项目中的 for 循环的执行过程	
我能完成编程挑战任务，设计程序，并调试成功	
我可以熟练地使用键盘输入代码，细致且有耐心	

（4）编程挑战如下。

① 修改图 4-12 所示程序中的参数，观察运行结果。例如：调整画笔颜色和粗细，将左转指令改为右转。

② 设计程序，画一个任意三角形。提示：应考虑三角形三边关系，也是三角形的一个性质：三角形的两边之和大于第三边。考虑三角形内角和是180°，每个角是多少，海龟左转的角度是多少。

③ 使用 for 循环设计程序，画一个正三角形和一个正方形。提示：正三角形是一种特殊的三角形，除了满足三角形的性质，还有 3 边相等，3 个角都是 60°的特点。正方形是一种特殊的长方形，可以使用 for 循环简化代码。

项目 5　while 循环

　　本项目是对前几个项目学习内容的总结，学习用已有的编程知识和技能解决问题。结合六年级数学课本中关于圆的面积和周长的学习内容，通过编程用公式计算圆形的面积和周长，将编程学习与其他学科紧密结合，培养学习编程的兴趣。

项目 5.1 蛋糕的面积

1. 任务描述

你想要多大的生日蛋糕？去蛋糕店买蛋糕就会发现，有直径为 6 寸、8 寸、10 寸等。这些蛋糕首先要进行规划设计，设计时要设计蛋糕直径，计算面积和周长，现在小明的生日蛋糕是 8 寸的，你能计算出这个 8 寸蛋糕的面积吗？

2. 任务分析

蛋糕有厚度，是立体的，更像一个实心圆柱体，因此，实际上要计算的只是蛋糕的表面圆形面积。可以把圆形蛋糕看作数学中的圆形，这个实际问题就可以转换为求 8 寸圆形的面积。

8 寸指的是直径，直径的一半就是半径。但是 8 寸不能直接参与计算，需要转换为厘米，即 1 寸 =2.54 cm，8 寸 =8*2.54=20.32 cm，半径 =20.32/2=10.16 cm

3. 程序设计

用变量 r 表示半径的值，用变量 S 表示面积的值，π 取值 3.14，使用公式 $S=\pi r^2$，使用 print 函数输出结果。

4. 代码编写和调试

（1）打开 IDLE，依次选择 File → New File 命令，新建一个文件。

（2）输入程序代码，还可以为其增加注释，一般以红色显示，用 # 开头，如图 5-1 所示。

（3）依次选择 Run → Run Module 命令后，提示保存文件，保存后自动弹出运行窗口。

（4）屏幕上已经打印出计算结果了，如图 5-2 所示。

（5）修改代码中 r 的数值，重复步骤（3）和（4），观察运行结果。

```
File  Edit  Format  Run  Options  Window  Help
#计算圆的面积
r=10
S=3.14*r*r
print(S)
```

图 5-1　求圆形面积代码

图 5-2　运行结果

5. 程序优化

按以上方法编写计算圆的面积，如果需要更改半径，每一次都需要经历修改程序、保存程序、运行程序的过程。如果写一段代码，直接输入任意圆形的半径数值，就可以马上计算并显示出该圆形的周长和面积，就可以避免重复修改原程序的麻烦和风险了。

使用原有的变量，将直接赋值改为使用 input 函数获取输入的数据。修改后的程序如图 5-3 所示。编写代码，保存并运行程序，观察运行结果。

```
File  Edit  Format  Run  Options  Window  Help
#输入半径，计算圆的面积和周长
r1=eval(input("请输入圆形的半径:"))
L=2.0*3.14*r1
S=3.14*r1*r1
print("圆的周长是:",L)
print("圆的面积是:",S)
```

图 5-3　求圆形面积的优化

运行上面的程序，发现可以输入半径来计算面积和周长了，但是只计算一次，程序就执行结束了。想要多次执行，就要设置循环条件：只要半径值不是字符 q，就执行计算程序。因此，使用 while 循环就可以了。项目 4 已经学习过相关的知识和方法了，再次修改后的程序如图 5-4 所示。

```
File   Edit   Format   Run   Options   Window   Help
#输入半径，计算圆的面积和周长，重复多次
r1=eval(input("请输入圆形的半径:"))
while (r1!="q"):
    L=2.0*3.14*r1
    S=3.14*r1*r1
    print("圆的周长是:",L)
    print("圆的面积是:",S)
    r1=eval(input("请输入另一个圆的半径:"))
```

图 5-4　求圆形面积的循环

任务 5.2　扩展阅读：程序的灵魂——算法和数据结构

算法是解决问题的流程 / 步骤（如可用顺序结构、分支结构、循环结构等）。

数据结构是将数据按照某种特定的结构来保存。

数据怎么储存？设计良好的数据结构会造就好的算法。获得图灵奖的 Pascal 之父——Nicklaus Wirth 提出过一个著名公式：

算法 + 数据结构 = 程序

这个公式对计算机科学的影响程度足以类似物理学中爱因斯坦提出的 $E=MC^2$，这个公式展示出了程序的本质。

通俗地说，算法相当于逻辑，小部分已被人们发掘出来（这里的小部分指的是书本里讲的各种算法，属于人们对于特定模式抽象出来的核心，如排序），可以看作一种模式。一种逻辑（可能由其他子逻辑组合而成）一旦确定下来，便可看作常量，是固定不变的。

数据结构即数据表示，如用户数据，属于互联网的主要部分。这里面有一个问题，就是如何合理、高效地表示数据。为此，人们想出了各种各样的数据结构，如数组、树。还有一点就是代码通用性的考量。对于一个设计

良好的数据（结构）来讲，应当可以保证在代码逻辑不变的基础上，功能的增加只需在数据层做些修改就能完成：如在下拉菜单数据中追加一条"详情页"的数据和对应的回调方法，即可完成新菜单项的添加工作。因此，"算法"即逻辑，"数据结构"即存储。总结一下，用程序来解决问题的过程就是

$$问题 \rightarrow 数据结构 + 算法 = 程序 \rightarrow 解决问题$$

 ## 任务 5.3　总结和评价

（1）展示程序运行结果。

（2）说说本项目中 while 循环的设计过程。

（3）项目 5 已完成，在表 5-1 中画☆，最多画 3 个☆。

表 5-1　项目 5 评价表

评 价 描 述	评 价 结 果
我能使用公式计算圆形面积和周长	
我能编写任务中的 while 循环程序，并调试成功	
我能描述任务中的 while 循环的执行过程	
我能完成编程挑战任务：设计程序，并调试成功	
我能熟练地使用键盘输入代码，细致且有耐心	

（4）编程挑战如下。

①任务中的程序可以设计为其他循环条件吗？自己试一试。

②如果蛋糕是一个半圆，怎样计算它的面积和周长？设计程序解决这个问题。

项目 6 循 环 嵌 套

　　一个循环体语句中包含另一个循环体语句，称为循环嵌套。While、if…else、for 都可以相互嵌套，如 for 里面可以有 for，while 里面可以有 while，while 里面可以有 for，while 里面可以有 if…else 等。

　　无论是哪种嵌套，都需要确定循环条件，在某种条件下，执行接下来的程序段。这些程序段是缩进格式，写在 while 或者 for 指令下方，作为一个循环体。

　　本次项目安排了两个任务，分别用不同的循环嵌套来解决问题。事实上，同样的任务用不同的方法和思路编程，都可以解决问题。掌握一种方法后，可以继续思考，尝试更多方法，发展思维，提高技能。

任务 6.1　长长的名单

打印你的名字 100 次，要实现这个目标，使用 for 循环就可以了。其实，Python 可以打印输入的任何一个名字，并且打印 100 次，还可以更多！

1. 任务描述

每次询问姓名，当输入不是空格时，打印出这个名字 100 次。

2. 任务分析

根据问题描述，使用循环结构设计程序。之前学习过 while 循环和 for 循环，根据任务的需要，需要使用这两个循环共同来完成。它们的分工是，使用 while 判断何时开始打印，结合 for 循环执行 100 次打印循环，for 循环嵌套在 while 循环内部。

3. 程序设计

使用变量 name 存储输入的姓名信息，先写出 for 循环的代码：打印 100 次，调试成功。在此基础上构建 while 循环，确定循环开始条件是输入不为空的字符。

4. 代码和程序编写

（1）打开 IDLE，依次选择 File → New File 命令，新建一个文件。

（2）编写 for 循环指令，注释用 # 开头，如图 6-1（a）所示。循环主体只有一条 print 指令，采用缩进格式编写。

（3）依次选择 Run → Run Module 命令，先保存文件，再打开运行窗口。运行结果如图 6-1（b）所示。

（4）增加 while 循环，如图 6-2 所示。

黑色方框内的代码整体缩进，是 while 循环的主体代码，其中包括小方框内的 for 循环。

（5）依次选择 Run → Run Module 命令，先保存文件，再打开运行窗口。运行结果示例如图 6-2（b）所示。

```
#连续打印出你的名字100次
name=input("请输入姓名:")          #提示并等待输入姓名
for j in range(100):               #for循环开始：
    print(name,end=" ")            #打印姓名100次，间隔一个空格
```

(a) 代码

```
===========
请输入姓名:王宇
王宇 王宇 王宇 王宇 王宇 王宇 王宇 王宇 王宇 王宇 王宇 王宇 王宇 王宇 王宇 王宇 王宇
王宇 王宇 王宇 王宇 王宇 王宇 王宇 王宇 王宇 王宇 王宇 王宇 王宇 王宇 王宇 王宇 王宇
王宇 王宇 王宇 王宇 王宇 王宇 王宇 王宇 王宇 王宇 王宇 王宇 王宇 王宇 王宇 王宇 王宇
王宇 王宇 王宇 王宇 王宇 王宇 王宇 王宇 王宇 王宇 王宇 王宇 王宇 王宇 王宇 王宇 王宇
>>>
```

(b) 运行结果

图 6-1　使用 for 循环打印名单

```
#连续打印出你的名字100次
name=input("请输入姓名:")              #提示并等待输入姓名
while name!="":                        #设置while循环条件：姓名输入不是空字符
    for j in range(100):               #for循环开始：
        print(name,end="")             #打印姓名100次
    print()                            #换行
    name=input("请输入另一个姓名：")    #提示并等待输入另一个姓名
```

(a) 代码

```
===========
请输入姓名:李雷
李雷 李雷 李雷 李雷 李雷 李雷 李雷 李雷 李雷 李雷 李雷 李雷 李雷 李雷 李雷 李雷
李雷 李雷 李雷 李雷 李雷 李雷 李雷 李雷 李雷 李雷 李雷 李雷 李雷 李雷 李雷 李雷
李雷 李雷 李雷 李雷 李雷 李雷 李雷 李雷 李雷 李雷 李雷 李雷 李雷 李雷 李雷 李雷
李雷 李雷 李雷 李雷 李雷 李雷 李雷 李雷 李雷 李雷 李雷 李雷 李雷 李雷 李雷 李雷
李雷 李雷 李雷 李雷 李雷 李雷 李雷 李雷 李雷 李雷 李雷 李雷 李雷 李雷 李雷 李
请输入另一个姓名：韩梅梅
韩梅梅 韩梅梅 韩梅梅 韩梅梅 韩梅梅 韩梅梅 韩梅梅 韩梅梅 韩梅梅 韩梅梅
韩梅梅 韩梅梅 韩梅梅 韩梅梅 韩梅梅 韩梅梅 韩梅梅 韩梅梅 韩梅梅 韩梅梅
韩梅梅 韩梅梅 韩梅梅 韩梅梅 韩梅梅 韩梅梅 韩梅梅 韩梅梅 韩梅梅 韩梅梅
韩梅梅 韩梅梅 韩梅梅 韩梅梅 韩梅梅 韩梅梅 韩梅梅 韩梅梅 韩梅梅 韩梅梅
韩梅梅 韩梅梅 韩梅梅 韩梅梅 韩梅梅 韩梅梅 韩梅梅 韩梅梅 韩梅梅 韩梅梅
韩梅梅 韩梅梅 韩梅梅 韩梅梅 韩梅梅 韩梅梅 韩梅梅 韩梅梅 韩梅梅 韩梅梅
```

(b) 运行结果

图 6-2　使用循环嵌套打印名单

任务 6.2　九九乘法表

　　九九乘法表是数学中的乘法口诀，又名"九九歌"，产生于春秋战国时代，最初是从"九九八十一"起始，到"二二如四"结束，共 36 句口诀，"九九"就是取口诀开头两个字。大约在宋朝，九九歌的顺序才变成和现代用的一样，即从"一一如一"起到"九九八十一"止，共 45 句口诀。

　　现在使用的乘法口诀有两种：一种是 45 句的，通常称为小九九；另一种是 81 句的，通常称为大九九。图 6-3 所示是小九九乘法表。

1×1=1								
1×2=2	2×2=4							
1×3=3	2×3=6	3×3=9						
1×4=4	2×4=8	3×4=12	4×4=16					
1×5=5	2×5=10	3×5=15	4×5=20	5×5=25				
1×6=6	2×6=12	3×6=18	4×6=24	5×6=30	6×6=36			
1×7=7	2×7=14	3×7=21	4×7=28	5×7=35	6×7=42	7×7=49		
1×8=8	2×8=16	3×8=24	4×8=32	5×8=40	6×8=48	7×8=56	8×8=64	
1×9=9	2×9=18	3×9=27	4×9=36	5×9=45	6×9=54	7×9=63	8×9=72	9×9=81

图 6-3　小九九乘法表

1. 任务描述

使用循环嵌套编写程序，按图 6-3 中格式打印出九九乘法表。

2. 任务分析

　　观察九九乘法表，找出规律。因为 Python 打印时是逐行打印，完成一行再换行，所以，应逐行寻找规律。

　　通过观察可以发现，乘法表共有 9 行，等式数量逐行递增。

　　（1）第 1 行有 1 个算式，乘数都是 1；

（2）第2行有2个算式，第一个乘数分别是1、2，第二个乘数是行数；

（3）第3行有3个算式，第一个乘数分别是1、2、3，第二个乘数是行数。依此规律，直到第9行。

3. 程序设计

使用两个 for 循环嵌套实现打印。

外循环每次输出一行，有几行就需要几次循环，完成如图6-3所示的列表需要9次循环，每次循环结束需换行。

内循环每次输出一个算式，每行有几个算式就循环几次，每次循环结束的条件与行数有关。

使用数字列表编写两个 for 循环语句，外循环用变量 i 表示，内循环用变量 j 表示。

外循环：for i in range （1，10），每次循环 i 的值会变化。

内循环：for j in range （1，i+1），每次循环结束条件不一样。

4. 程序编写

按以上分析编写代码并测试，如图6-4所示。

```
for i in range(1,10):                           #外循环列表
    for j in range(1,i+1):                      #内循环，i决定循环次数
        print(f'{i}*{j}={i*j}\t',end='')       #输出算式，空四格，相当于按一下Tab键
    print()                                     #换行，省略\n
```

(a) 代码

```
=============
1*1=1
2*1=2    2*2=4
3*1=3    3*2=6    3*3=9
4*1=4    4*2=8    4*3=12   4*4=16
5*1=5    5*2=10   5*3=15   5*4=20   5*5=25
6*1=6    6*2=12   6*3=18   6*4=24   6*5=30   6*6=36
7*1=7    7*2=14   7*3=21   7*4=28   7*5=35   7*6=42   7*7=49
8*1=8    8*2=16   8*3=24   8*4=32   8*5=40   8*6=48   8*7=56   8*8=64
9*1=9    9*2=18   9*3=27   9*4=36   9*5=45   9*6=54   9*7=63   9*8=72   9*9=81
>>>
```

(b) 运行结果

图6-4 打印九九乘法表

任务 6.3　扩展阅读：Python 缩进的规则

　　程序代码的缩进是为了区分不同功能代码块之间的层次，增加程序的逻辑性和阅读性。一些程序设计语言（如 Java、C 语言）采用花括号"{}"分隔不同代码块，Python 采用代码缩进和冒号"："来区分代码块之间的层次。

　　在 Python 中，对于类定义、函数定义、流程控制语句、异常处理语句等，行尾加冒号。缩进的开始，表示下一个代码块的开始，而缩进的结束则表示此代码块的结束。

　　Python 中实现对代码的缩进，可以使用空格或者 Tab 键。但无论是手动敲空格，还是使用 Tab 键，通常情况下都是采用 4 个空格长度作为一个缩进量（默认情况下，按一下 Tab 键就表示 4 个空格）。虽然通过设置，Python 也允许改变缩进空格长度，但是同一个代码块中的相同语句，必须保持相同的缩进。

　　最常见的就是在流程控制中，如使用 while 循环或 for 循环时都需要注意这个语法规则，否则程序运行会报 Syntax Error 异常错误。Python 对代码的缩进要求非常严格，同一个级别代码块的缩进量必须一样。以下面一段代码为例，说明 Python 的缩进规则。

```
s=1
if s=1:
  print("s 等于 1")
else:
  print("s 不等于 1")
```

　　if…else…是一个分支语句，属于同一级别的代码块。如果写成下面的缩进格式，就会报语法错误。

```
S=1
if s=1:
  print("s 等于 1")
else:
  print("s 不等于 1")
```

任务 6.4　总结和评价

（1）展示程序运行结果。

（2）说说本次项目中循环嵌套的结构，以及自己的理解。

（3）项目 6 已完成，在表 6-1 中画☆，最多画 3 个☆。

表 6-1　项目 6 评价表

评 价 描 述	评 价 结 果
我会编写 for 循环语句	
我会编写项目中的程序，并调试成功	
我能描述项目中嵌套循环的执行过程	
我能完成编程挑战任务：设计程序，并调试成功	
我可以熟练地使用键盘输入代码，细致且有耐心	

（4）编程挑战如下。

① 在任务 6.1 中，想要打印出竖排的名单，应怎样修改程序？

② 修改程序，让"九九乘法表"的打印结果符合图 6-3 中的书写习惯。

项目 7　输入用户名和密码

　　当我们使用计算机或手机上网，登录邮箱或学习网站时，都会要求输入用户名和密码。只有输入正确的用户名和密码才能成功登录，进入相应的网站。

　　如此平常的操作，包含着逻辑的判断，需要编程实现。本项目先通过最简单的登录方式理解分支结构，之后是对登录方式的程序优化，更符合真实的操作。

任务 7.1 判断再选择：分支结构

分支结构是编程语言中最重要，也是使用最多的一种程序流程控制。它的目的是判断再选择，计算机可以像人一样思考，能在不同的情况下做出不同的决策。

1. 语句格式

分支结构包括两分支和多分支，其中两分支较为简单，最基本的语句包括两个关键字：if 和 else。if 的意思是如果，是进行条件判断的语句，格式如下。

```
if 条件判断：
        判断为真执行的代码
else:
        判断为假执行的代码
```

2. 关系运算符和逻辑运算符

提到运算符，最熟悉的就是算术运算符了。在计算能手的项目中，使用过这些符号：+、−、*、/ 等。条件判断时一般会涉及比较大小，在编程语言中，把这些符号叫作关系运算符，也可以叫作比较运算符，如之前使用过的不等于号 "! ="。Python 关系运算符如表 7-1 所示。使用关系运算符把两个相同类型的数据连接起来，这样的语句叫作关系表达式，其值有两种情况：真或假。

生活中也会使用逻辑判断，如招录飞行员时要求：年龄大于 18 岁，身高大于 170cm 且小于 185cm。Python 也有类似的逻辑判断指令，会用到 and、or 这些关键字，这被称为逻辑运算符，如表 7-2 所示。使用逻辑运算符把两个逻辑变量连接起来，这样的语句叫作逻辑表达式，其值也有两种情况：真或假。

表 7-1 Python 关系运算符

关系运算符	描 述	表 达 式
==	等于	a==b、a==1234
!=	不等于	a!=b、b!=1234
>	大于	a>b、81>b
<	小于	a<b、24*2<49
>=	大于或等于	24*5>=76、a>=b
<=	小于或等于	x<=y、a<=b

如判断 a<5 的真、假。如果此时 a=3,则判断结果为真;如果此时 a=6,则判断结果为假。

表 7-2 逻辑运算符

逻辑运算符	描述	表达式	说 明
and	与	a and b	当 a 和 b 两个表达式都为真时,整个表达式才为真,否则为假
or	或	a or b	当 a 和 b 两个表达式都为假时,整个表达式才为假,否则为真
not	非	not a	如果 a 为真,那么 not a 为假;如果 a 为假,那么 not a 为真,相当于对 a 取反

例如,要判断 16>10 和 45>90 的真、假。因为 16>10 为真(true),45>90 为假(false),所以,整个表达式为假,即不成立。

任务 7.2 分支结构程序设计:简单的登录方式

输入用户名和密码,若两项都正确,则显示"登录成功",否则显示"用户名或密码错误"。预设正确的用户名是 admin,保存在变量"用户名"中;密码是 123456,保存在变量"密码"中。

1. 任务描述

输入用户名和密码之后,若两项都正确,则显示"登录成功",否则显示"用户名或密码错误",分别测试两种情况。

2. 任务分析

程序需要判断用户名和密码是否都正确，然后执行不同的输出内容。因此，可以使用 if…else… 来实现。先画流程图，理清程序逻辑结构，如图 7-1 所示。

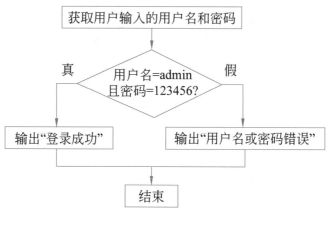

图 7-1　流程图

3. 解锁新技能

（1）因为赋值符号是"="，为了与之区分，程序中的等号是"=="。

（2）判断两个以上条件时，可以使用 and 来连接，表示"和"的意思，如 a==2 and b==3，也可以用符号 & 连接。

4. 编写代码和调试

（1）打开 IDLE，新建文件，编写代码，如图 7-2 所示。

（2）保存文件名为"用户登录 1.0"，并运行和调试程序。

（3）输入用户名和密码，调试程序：分别调试登录成功和错误两种情况，如图 7-3 所示。

```
#用户登录
用户名=input("请输入用户名:")
密码=input("请输入密码:")
if 用户名=="admin"and 密码=="123456":
  print("登录成功")
else:
  print("用户名或密码错误")
```

```
==========
请输入用户名:admin
请输入密码:123456
登录成功
>>>
```
(a)

```
==========
请输入用户名:admin
请输入密码:1234
用户名或密码错误
>>>
```
(b)

图 7-2　程序代码　　　　**图 7-3　运行结果**

任务 7.3　可以循环的登录方式

任务 7.2 的登录方式，每次运行程序只能进行一次登录尝试，如果输入有误，需要退出程序，再次尝试登录。这样的登录体验很差，会给用户带来很多不便。

如果能在不退出程序的情况下，允许用户多次尝试登录，那么，这样的程序设计就显得人性化，更实用。因此，对任务 7.2 的登录方式进行优化设计，产生新的设计任务。

1. 任务描述

输入用户名和密码，任一项输入有误时显示"用户名或密码错误"，允许重新输入，直到两项都输入正确，显示"登录成功"。

2. 任务分析

当用户名和密码不为空字符时，如果任一项有误，则显示"用户名或密码错误"，否则显示"登录成功"，循环结束。

3. 解锁新技能

登录成功之后，就要退出 if 循环，否则程序会出现 bug，一直显示"登录成功"。这时候，需要使用 break 语句，退出当前循环。

4. 代码编写和调试

（1）打开 IDLE，新建一个文件。

（2）尝试编辑代码，示例如图 7-4 所示。

（3）保存文件名为"用户登录 while"。

（4）按 F5 键，运行和调试程序。各种可能的情况应逐一调试，如图 7-5 所示。

5. 关键提示

（1）示例代码供参考，代码不必与示例完全一致，功能实现即可。

```
#用户登录的while循环
用户名=input("请输入用户名:")
密码=input("请输入密码:")
while 用户名!=" "and 密码!=" ":
    if 用户名!="admin"or 密码!="123456":
        print("用户名或密码错误")
        用户名=input("请输入用户名:")
        密码=input("请输入密码:")
    else:
        print("登录成功")
        break
```

图 7-4　用户登录 while 代码示例

```
=========
请输入用户名:adm
请输入密码:123456
用户名或密码错误
请输入用户名:admin
请输入密码:23456
用户名或密码错误
请输入用户名:
请输入密码:
用户名或密码错误
请输入用户名:admin
请输入密码:123456
登录成功
>>>
```

图 7-5　运行和调试

（2）示例中代码末尾的 break 指令是什么作用？删除这条代码，再调试一次，观察其结果。

（3）程序调试是发现问题、解决问题的过程。毫不思索，直接输入别人调试成功的代码，就失去了自己学习的过程，失去了进步的机会。

任务 7.4　有限的循环次数：分支 +for 循环

如果用心观察，就会发现，大多数需要输入用户名和密码的界面，都是有次数设定的，如银行登录系统，只允许连续尝试 3 次或 5 次，如果继续尝试，可能需要等待一段时间，或者第二天再试。这样的设计主要是为了保护账户的安全，降低个人信息被多次尝试输入后被盗的风险。因此，任务 7.3 所示的程序还可以继续优化。

1. 任务描述

输入用户名和密码，任一项输入有误就显示"用户名或密码错误"，允许输入 3 次。输入的两项都正确时，显示"登录成功"，连续 3 次输入错误显示"已冻结，请 5 分钟后重试！"

2. 任务分析

任务中有连续 3 次的循环，使用 for 循环就可以实现，终值为 3。if…else 循环主体与图 7-2 类似，循环过程中，当输入都正确时要跳出循环，使用 break 语句。若 3 次输入都不正确，则循环结束，即 i>=2，显示"账户已锁定，24 小时后重试！"命令。

3. 代码编写和调试

（1）打开 IDLE，新建一个文件。

（2）尝试编辑代码，示例如图 7-6 所示。

（3）保存文件名为"用户登录 for"。

（4）按 F5 键，运行和调试程序。各种可能的情况应逐一调试，如图 7-7 所示。

```
for i in range(3):
    用户名=input("请输入用户名:")
    密码=input("请输入密码:")
    if 用户名=="admin"and 密码=="123456":
        print("登录成功")
        break
    else:
        print("用户名或密码错误")
if i>=2:
    print("账户已锁定，24小时后重试!")
```

图 7-6　用户登录 for 循环代码

```
=========
请输入用户名:admin
请输入密码:123456
登录成功
>>>
```

(a)

```
=========
请输入用户名:admin
请输入密码:1234
用户名或密码错误
请输入用户名:admin
请输入密码:123456
登录成功
>>>
```

(b)

```
=========
请输入用户名:admin
请输入密码:123
用户名或密码错误
请输入用户名:admin89
请输入密码:234
用户名或密码错误
请输入用户名:admin
请输入密码:12345
用户名或密码错误
账户已锁定，24小时后重试!
>>>
```

(c)

图 7-7　运行结果

任务 7.5　扩展阅读：程序控制结构

程序的 3 种基本结构包括顺序结构、循环结构和分支结构。

1. 顺序结构

顺序结构的程序设计是最简单的，只要按照解决问题的顺序写出相应的语句就行，它的执行顺序是自上而下，依次执行。

顺序结构可以独立使用构成一个简单的完整程序，常见的输入、计算、输出三步曲的程序就是顺序结构。如计算圆的面积，其程序的语句顺序就是输入圆的半径 r，计算 s=π*r*r，输出圆的面积 s。不过大多数情况下顺序结构都是作为程序的一部分，与其他结构一起构成一个复杂的程序，如分支结构中的复合语句、循环结构中的循环体等。

2. 分支结构

顺序结构的程序虽然能解决计算、输出等问题，但不能做判断再选择。对于要先做判断再选择的问题就要使用分支结构。分支结构的执行是依据一定的条件选择执行路径，而不是严格按照语句出现的物理顺序。分支结构的程序设计方法的关键在于构造合适的分支条件和分析程序流程，根据不同的程序流程选择适当的分支语句。具体来说，可以细分为 3 种形式：if 语句（if…）；两分支结构（if…else）；多分支结构（if…elif…elif…else…）。

3. 循环结构

循环结构可以减少源程序重复书写的工作量，用来描述重复执行某段算法的问题，这是程序设计中最能发挥计算机特长的程序结构。如 while 循环、for 循环，都是先判断表达式，后执行循环体。不同的场合应用不同的循环体，它们有相同也有不同之处，将每种循环的流程图理解透彻后就会明白如何替换使用，如把 while 循环的例题，用 for 语句重新编写一个程序，这样能更好地理解它们的作用。

嵌套，就是在一个结构中包含另一个结构，如分支嵌套分支中又包括分支语句，循环嵌套就是一个循环体中又包含另一个循环体。

顺序结构、分支结构和循环结构并不是彼此孤立的，在循环中可以有分支、顺序结构，分支中也可以有循环、顺序结构，不管哪种结构，均可广义地看成一个语句。

在实际编程过程中常将这 3 种结构相互结合以实现各种算法，设计出相应程序，但是要编程的问题较大，编写出的程序就往往很长、结构重复多，造成可读性差，难以理解，解决这个问题的方法是将程序设计成模块化结构。

Python 中的函数就是一种具备某种特定功能的模块化代码，如 print 函数。Python 中的库也是一种模块，而且是具有相关功能模块的集合，在 Python 语言中也叫作类或接口，如绘图工具库 turtle。一般地，把 Python 的库 library、包 package、模块 module，统称为模块。

任务 7.6　总结和评价

（1）展示程序运行结果。

（2）描述程序中 while 循环运行过程：循环条件、逻辑运算符 or 的作用、if…else 结

（3）最多画 3 个☆。

评价表

	评价结果
我会读	
我会判	
我能使	用户登录程序，并调试成功
我能	试成功
我能	
我能	
我能	

项目8 综合练习：鸡兔同笼

鸡兔同笼，是中国古代著名的数学趣题之一，记载于《孙子算经》之中。鸡兔同笼问题，是现代小学奥数的常见题型。

鸡兔同笼问题，在《孙子算经》书中是这样叙述的：

今有雉兔同笼，

上有三十五头，

下有九十四足，

问雉兔各几何。

其解释如下。

现在有鸡和兔子同在一个笼子里，

从上面数，有 35 个头，

从下面数，有 94 只脚，

问鸡兔各有多少只。

任务 8.1　数 学 解 法

鸡兔同笼是经典的数学问题，在漫长的历史长河中人们思考出了很多种数学解法，这些问题现在也可编写程序进行解答，下面具体讨论。

1. 方程式

用数学的方法解答鸡兔同笼问题，方程解法可能是最简单的，一元一次方程和二元一次方程都可以解决这个问题。

（1）一元一次方程。

解：设鸡有 x 只，则兔有（35–x）只。

鸡的腿就是 2x，兔的腿就是 4（35–x），列出方程：2x+4（35–x）=94，解方程如下。

$$2x+140–4x=94$$
$$–2x=—46$$
$$x=23$$

所以，鸡有 23 只，兔有 35–23=12 只。

答：鸡有 23 只，兔有 12 只。

（2）二元一次方程。

解：设鸡有 x 只，兔有 y 只，列出方程。

2x + 4y = 94　　①

x + y = 35　　②

②×2 得出：

2x+2y=70　　　③

①–③得出 2y=24，y=12。

把 y=12 代入②中得出：x=23。

答：鸡有 23 只，兔有 12 只。

2. 抬腿法

除了列方程，还有一种数学方法，就是抬腿法，这是一种假设 + 推演的方法，如兔子抬腿法。

如果让所有的兔子都抬起 2 只脚，那么，每个头下面都只有 2 只脚了。35 个头也就是 35×2 只脚。题目中有 94 只脚，现在少掉了 94–70=24 只脚。这里的 24，就是兔子抬起来的脚。

所以，兔子就有 24/2=12 只，鸡有 35–12=23 只。

抬腿法还可以有其他假设，假设所有的鸡都抬起腿，或者假设鸡和兔各抬起一条腿，读者可以自己假设、推演，训练自己的数学思维。

任务 8.2　Python 的解法

人类按照自己的思维优势，发明了各种各样的解法。计算机本身没有思维，也不会思考，人类使用 Python 语言告诉计算机怎样解决难题。计算机最大的优势就是速度快，许多人类长时间做不了的事情，计算机转瞬之间就可以完成。

1. 思路分析

Python 做这道鸡兔同笼问题的思路，就是"硬算"，从 0 算到 35，肯定有一种组合就是答案。这种算法也叫枚举法（列表法），方法很简单，过程却很复杂。对人类来说复杂又笨拙的算法，恰恰是计算机最擅长的。

假设鸡有 0 只，那么兔就有 35–0 只，即鸡=0，兔=35– 鸡；

计算所有鸡的脚加兔的脚是否等于 94，即鸡×2+ 兔×4=94 ？

如果不等于 94，鸡的数量增加 1 只，兔子就有 35–1 只；

再次计算所有鸡的脚加兔的脚是否等于 94。

如此循环，直到结果是 94，输出鸡、兔的数量。数量关系如表 8-1 所示。

表 8-1 鸡兔数量关系表

序号	鸡的数量 / 只	兔的数量 / 只	脚的表达式	判断结果
0	0	35–0=35	0×2+35×4=140	140！=94
1	1	35–1=34	1×2+34×4=138	138！=94
⋮	⋮	⋮	⋮	⋮
23	23	35–23=12	23×2+12×4=94	94=94

2. 编程分析

定义变量：head=35，foot=94；将鸡的数量赋0：ji=0。

使用 for 循环：for ji in range(head)；

使用 if 语句：if ji*2+tu*4=foot。

3. 编写代码，运行测试

按以上分析，编写代码并测试，代码示例如图 8-1 所示。

编写代码时，遇到需要进行变量运算时，在程序的开始，需要给这些变量赋初值，根据具体情况，可能赋0。在程序的世界里，大家把类似这样的操作叫作"初始化"。这一步很重要，是编写代码时的好习惯，可以避免数据或状态上的错误和偏差。

```
#计算鸡兔同笼

head=35
foot=94
ji=0

#鸡从0只算到35只
for ji in range(head):
    tu=head-ji
    if ji*2+tu*4==foot:
        print("鸡有{}只，兔有{}只".format(ji,tu))

==========
鸡有23只，兔有12只
>>>
```

图 8-1 鸡兔同笼代码示例

4. 难点解析

format 是一种格式化字符串的函数，用于控制字符串和变量的显示结果。

使用方法：

< 模板字符串 >.format(< 用逗号分隔的参数 >)

举例如下。

```
#举个例子
print("{}今天上学迟到了,老师批评了{}。".format("小明","小红"))
```

输出结果：

小明今天上学迟到了，老师批评了小红。

5. 思考

在上面程序的基础上，修改程序，运行时可以输入变量 head 和 foot 的值。

 ## 任务 8.3 扩展阅读：枚举法

枚举法是使用最广泛的一种算法，在生活中较常见，如在一串钥匙中找到一把正确的钥匙，最直接的办法就是一把一把去试，直到试出正确的那把。对计算机而言，使用枚举法解决问题就是利用计算机运算速度快、精确度高的特点，对要解决问题的所有可能情况，一个不漏地进行检验，从中找出符合要求的答案，因此枚举法是通过牺牲时间来换取答案的全面性。

枚举法的本质就是从所有候选答案中搜索正确的解，使用该算法需要满足如下两个条件。

（1）可预先确定候选答案的数量；

（2）候选答案的范围在求解之前必须有一个确定的集合。

枚举法虽然简单粗暴，但是最容易实现，并且得到的结果总是正确的。枚举法一般结构是循环＋判断语句。枚举法的缺点是计算量大，特别是问题规模较大时，所耗时间较多，甚至有可能导致系统崩溃。因此，编程时可以对枚举法进行优化，如减少重复计算量，将原问题转换为几个小问题等。如"鸡兔同笼"问题，使用枚举算法时，按一定规律进行枚举，避免重复计算，当出现符合要求的变量时，就结束枚举。

经典枚举：百钱买百鸡问题。

公鸡 5 文钱一只，母鸡 3 文钱一只，小鸡 3 只一文钱，用 100 文钱买一百只鸡，其中公鸡、母鸡、小鸡都必须要有，问公鸡、母鸡、小鸡要买多少只刚好凑足 100 文钱。

经过优化，三重循环变成两重循环，最优算法只需要尝试 21×34=714 种枚举，就可以解决问题。

任务 8.4 总结和评价

（1）展示程序运行结果。

（2）描述项目中使用 Python 解决"鸡兔同笼"问题的方法。

（3）项目 8 已完成，在表 8-2 中画 ☆，最多画 3 个 ☆。

表 8-2 项目 8 评价表

评价描述	评价结果
我能描述一种"鸡兔同笼"问题的数学解法	
我会使用本项目中没有描述的其他方法解决"鸡兔同笼"问题	
我能编写项目中 for 循环程序，并调试成功	
我能说出对项目中的"枚举法"的理解	

（4）编程挑战如下。

搜集其他有趣的数学题，思考使用 Python 语言的解决方法，设计和编写程序实现。

项目 9　综合练习：各种各样的 Python

　　Python 这个英文单词翻译成中文是蟒蛇，那么作者吉多为什么要给他的软件起这个名字呢？据说，在吉多研发软件时，恰巧在看一部名为 *Python* 的电视喜剧，而且他特别喜欢这部剧。所以，就为他的软件起名为 Python 了。

　　虽然，我们不知道他看到的蟒蛇是什么样子，但是，使用 turtle 绘图，可以控制海龟在画布上画出各种各样的蟒蛇，也是件很好玩的事。

任务 9.1　绘 制 蟒 蛇

　　蟒蛇的画法各种各样，形态上各有差异，如颜色、爬行方向、大小等。画一条这样的橘黄色蟒蛇简笔画，要给海龟下哪些命令呢？海龟按照这些命令爬呀爬呀，一条小小的蟒蛇就出现在画布上了，如图 9-1 所示。

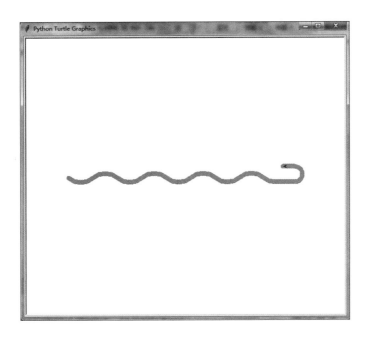

图 9-1　橘黄色的蟒蛇

1. 思路分析

　　画这条小蟒蛇，可以把它分成几部分分别来画，如图 9-2 所示。

　　从左往右数一数，需要使用连续的 4 组圆弧曲线，表示蟒蛇弯曲的身体，如图 9-2 中第①～④段。

　　靠近头部的一节，只需要画之前一半长的弧线，如图 9-2 中第⑤段。

　　然后是一段直线和一段圆弧，最后也是一段直线，分别是图 9-2 中第⑥、⑦、⑧段。

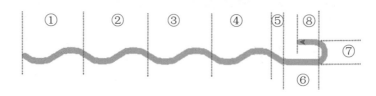

图 9-2 蟒蛇画法

2. 编程分析

按照上面的思路分段编写代码，包括初始设置、画前 4 段和画后 4 段。

（1）初始设置。

初始设置是确定海龟的初始状态，首先要让海龟从画面中心坐标水平飞到画布偏左的位置。海龟飞行不留轨迹，使用 up（ ）指令让海龟腾空起飞，到达起始位置后，使用 down（ ）指令落在纸上。

线型需要加粗，参数设置为 10，颜色设置为 orange（橘红色）。

海龟初始状态是朝向 X 轴正方向，观察第①段中起始弧线，是一段略向下的弧线，需要将小海龟的朝向顺时针旋转约 40°。

（2）画前 4 段。

前 4 段是相同的弧线，只要编写一段代码，使用 for 循环 4 次，就可以画出前 4 段。每一段弧形都可以分为两段：一段是弧度约为 40°、弧长约为 80 的圆弧；另一段的弧度与之相反，弧长相同。

（3）画后 4 段。

后 4 段的每一段都不相同，每一段需要使用一句画图指令。粗略设定参数后，经过运行结果，还需要反复修改参数，让这条"蟒蛇"更精准。

弧形⑤与前 4 段相似，也是一段弧线，弧度约为 40°，弧长是 80 的一半。

线段⑥的长度约为 40，弧形⑦的弧度比前面 4 段都小，线段⑧的长度肯定比线段⑥短。

3. 编写代码，运行测试

按上面的分析，编写代码并运行测试，代码示例如图 9-3 所示。运行程序，能够看到画布上出现了一条图 9-1 所示的蟒蛇。

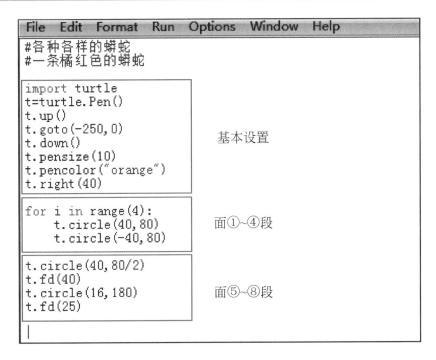

图 9-3　画蟒蛇代码

对照编程分析，理解每一行代码的含义和作用。

4. 修改参数，创造更多

修改代码中的参数，尝试画出更多的小蛇。可以是其他颜色，也可以沿着不同的方向爬行，开动脑筋，多尝试，创造更多可能！

5. 难点分析

turtle.circle（弧度、步数），这是海龟画圆的命令，准确地说是画圆弧的命令。因为画整圆时使用的是 turtle.circle（半径），只有一个参数表示半径。

画圆弧时有两个因素决定了圆弧的形态，分别是弧度和弧长，这里的弧长对应参数中的步数。

以蟒蛇为例，如果让这条蟒蛇变长，那就增加"步数"的像素值，反之减少；如果让这条蟒蛇身体更弯曲，那就增加"弧度"，反之减少。自己试一试，改变蟒蛇的样子。

俗话说，勤学多练，熟能生巧。多试几次，才能体会更深刻，一些编程技巧自然也就掌握了，这只能绘图的海龟似乎变得更聪明了呢！

6. 公开展示

一起来展示作品吧，看看画出了哪些蟒蛇，各自说一说修改了哪些参数，以及是怎样做到的。

任务 9.2　Python 用于绘制弧形的函数

本任务详细介绍 Python 用于绘制弧形的函数和 Python 中 circle 函数的用法。Python 中的 circle 函数用于绘制圆形，是 Python 中非常基础和重要的函数之一。

1. 函数语法

```
turtle.circle(radius,extent=None,steps=None)
```

2. 函数说明

函数都有使用方法，编程时，只要按照使用方法编写，一般会得到编程结果。该函数有 3 个参数：半径（radius）、弧度（extent）和线段数（steps）。弧度就是该弧所对的圆心角度数，有时直接称为圆心角。

（1）半径（radius）。radius 是正数时，表示逆时针，正向前进画图；radius 是负数时，表示顺时针，反向倒退画图。

（2）弧度（extent）。extent 是正数时，表示逆时针画弧形；extent 是负数时，表示顺时针画弧形。extent 在画整圆时可以省略，默认为 360°。

（3）线段数（steps）。起点到终点由 steps 条线段组成，steps 可以省略，省略时画弧形，默认值为 1；如果 steps 不省略，而 extent 省略时，需要加"steps="。

3. 函数使用举例

函数使用时，主要设定的参数有两个：半径（radius）和弧度（extent）。每个参数可正可负，可组合 4 种形式，下面举例进行详细说明。

（1）参数全取正数。

代码编写为 turtle.circle（100，180）。

运行结果：半径为正数，弧度为正数，即逆时针顺着当前方向画弧形，如图 9-4 所示。

（2）参数一正一负。

代码编写为 turtle.circle（100，−180）。

运行结果：半径为正数，弧度为负数，即顺时针逆着当前方向画弧形，如图 9-5 所示。

图 9-4　参数全正画图

图 9-5　参数一正一负画图

（3）参数一负一正。

代码编写为 turtle.circle（−100，180）。

运行结果：半径为负数，弧度为正数，即顺时针顺着当前方向画弧形，如图 9-6 所示。

（4）参数全取负数。

代码编写为 turtle.circle（−100，−180）。

运行结果：半径为负数，弧度为负数，即逆时针逆着当前方向画弧形，如图 9-7 所示。

图 9-6　参数一负一正画图

图 9-7　参数全负画图

任务 9.3   总结和评价

（1）展示程序运行结果。

（2）描述项目中画"小蛇"的方法。

（3）项目 9 已完成，在表 9-1 中画☆，最多画 3 个☆。

表 9-1   项目 9 评价表

评 价 描 述	评 价 结 果
我能编写项目中的程序，并绘制出一条完整的"小蛇"	
我能描述每一段弧形的指令和含义	
我能修改项目中程序的参数，改变作品的颜色、粗细和形态	
我能设计程序绘制不同形态的"小蛇"	

（4）编程挑战如下。

在纸上绘制"小蛇"，再使用 turtle 绘图工具编程实现自己的设计。

项目 10 综合练习：口算出题器

编写口算出题器代码，系统自动随机出题（若干道计算题），答案正确时显示"恭喜你答对了！"，答案错误时显示"对不起答错了！"，分别统计并显示答案正确和错误的数量。

任务 10.1　制作出题器

　　口算可以是 10 以内的，也可以是 100 以内的；可以是两位数运算，也可以是三位数运算；可以只是加法运算，也可以是混合运算。只要掌握一种方法，就可以举一反三写出更复杂的出题器代码。本项目以 0~100 的两位数整数加法举例。

1. 思路分析

　　0~100 的两位数整数加法，数学格式是一个整数 + 另一个整数 = 和，用字母表示就是 a+b=c，其中字母 a、b、c 都是正整数。

2. 编程分析

　　一个完整的程序不是一蹴而就的，而是逐步完善，实现最终目标的。编写代码时可以先写主要功能，再写如何进行程序控制。因此，可以先编写主体程序，再使用 for 循环指令，设置循环次数（出题次数），循环结束后打印出答对和答错的数量。

　　统计数量需要两个变量承担增 1 计数功能，需要初始化清空。

3. 编写代码，运行测试

　　按上面的分析，编写代码并运行测试，代码示例如图 10-1 所示。

　　运行测试代码，观察运行结果，如图 10-2 所示。

4. 修改参数，创造更多

（1）修改代码参数，如出题总量修改为 10，运行程序，观察运行结果。

（2）在原代码基础上，增加 100 以内正整数减法题目。

5. 难点分析

right+=1 是变量 right 自增 1 指令，相当于 right=right+1。

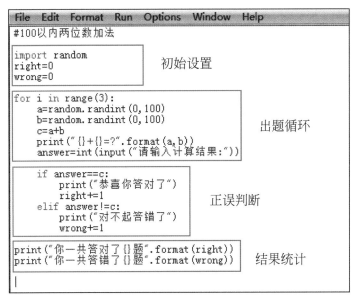

图 10-1　出题器代码

```
==========
99+68=?
请输入计算结果:167
恭喜你答对了
33+33=?
请输入计算结果:66
恭喜你答对了
1+65=?
请输入计算结果:67
对不起答错了
你一共答对了2题
你一共答错了1题
>>>
```

图 10-2　运行结果

本项目使用了随机生成整数的函数 randint（start，stop），运行这一条代码可以随机生成一个整数，范围由参数决定，包括边界。

start：指定开始值，必需。

stop：指定结束值，必需。

这个函数不能直接使用，需要在循环体之外使用 import 导入 Python 的内置模块 random，如程序中第一行代码所示。random 模块还提供了其他类型的随机数函数，常用的有以下 4 个，如表 10-1 所示。

表 10-1　随机数生成指令表

函　　数	说　　明
seed（x）	给随机数一个种子值，默认随机种子是系统时钟
random（　）	随机生成一个 0 至 1（不含 1）的实数
uniform（a,b）	随机生成一个 a 至 b 的实数，如 uniform（2，6）
randint（a,b）	随机生成一个 a 至 b 的整数，如 randint（0，100）

6. 公开展示

有了自己编写的小程序，随时可以进行口算练习，省去人工出题的麻烦。可以与同伴开展一场口算比赛，比一比谁算得又快又好！

79

任务 10.2　扩展阅读：口算技巧

口算是生活中经常用到的一种数学方法，对于学生来说，掌握一定的口算技巧，可以让数学学习更加高效。口算的技巧有很多，这里介绍如下几种。

1. 凑十法

如果算式中有两个或者几个数相加可以得到整十，那就可以通过调换数字顺序进行凑十计算。如 13+8+7，可以把 8 和 7 的位置进行调换，先计算 13+7，然后加 8，即可得出最后的答案。这样做可以快速得出答案，提高运算效率和准确率。凑十法在减法运算时也是相似的，先把能够凑成 10 的减数相加，然后用被减数减去二者的和即可得出答案。

2. 整数法

将接近 10、接近 100 和接近 1000 的数看成整数，然后进行加减运算。如在计算 397+123 时，可以把 397 看作 400，然后用 400+123，可以得出答案 523，最后减去 3，即可得到最后的答案为 520。减法运算时同样也可以运用这种方法。

3. 移位法

把算式中的数字连同前面的符号一起进行移位，然后再进行计算。这是小学数学口算中经常可以用到的方法，如 3-4+5，可以把 5 连同前面的 + 号一起移动，算式变成 3+5-4，即可快速得出答案。

除此之外，口算速算方法还有补数法、拆分法、加括号法等技巧，有兴趣的读者可以自行学习。

任务 10.3　总结和评价

（1）展示程序运行结果。

（2）描述项目中出题器的编程思路。

（3）项目 10 已完成，在表 10-2 中画☆，最多画 3 个☆。

表 10-2　项目 10 评价表

评 价 描 述	评 价 结 果
我能理解出题器的制作方法	
我能描述项目中的 for 循环的执行过程	
我能独立编写项目中的程序，并测试成功	
我能设计其他类型的出题器	

（4）编程挑战如下。

① 任务中的 for 循环限定了出题的数量，如果需要循环出题，直到按 Q 键退出，结束出题。设计循环结构实现。

② 制作 100 以内 3 位数的加法出题器，或者其他类型的出题器。

项目 11　天 天 向 上

　　很多人给自己设定了远大的目标，告诉自己想要成功就要努力，甚至给自己巨大的压力，但是却不能坚持，三分钟热度，很容易因其他原因而中断计划，终致懊悔苦恼。过一段时间，又给自己制定新的目标，周而复始，目标总是不能实现，时间却在一天天流逝。

　　学习是需要积累的，需要持续地努力。每个人最初也许只是相差一点点，但几十年后差距越来越大，甚至会有天壤之别。大家经历的时间是相同的，每天提高 1% 或降低 1% 似乎没有什么变化，也不会引人注意，但日积月累，结果就会有惊人的变化。

　　好习惯和坏习惯的养成都遵循这一定律，一两天看不出有什么改变，但是一年、两年、数十年以后，就会发现巨大的不同。这就是成长的真相！

　　本项目从数学的角度发现日积月累的差别，使用 Python 直观地看到这些差别，进而使用 if…else 语句编写代码，描述这一过程。

任务 11.1　用程序计算进步和退步

习惯的力量是无穷的，即便开始是微小的，也不应该小看这些微小的改变，坚持这些微小的改变，说不定会带来翻天覆地的变化。

如果把起点看成数字 1，每天没有改变，一年之后就是 365 个 1，也就是 $1^{365}=1$。1 的 365 次方，仍然是 1，相当于原地踏步。如果有所变化呢，一年以后会是怎样？

1. 积跬步以至千里，积懈怠以至深渊

昨天是 1，今天进步 1%，也就是 0.01，写成算式就是 1+0.01=1.01。每天都进步 1%，一年后就有 365 个 1.01，即 1.01^{365}。

每天退步 1%，一年后有 365 个 0.99，可以写成 0.99^{365}。

这两个数值的底数只相差 0.02，指数都是 365，结果会差别很多吗？用 Python 来试试。

使用 Python 内置的 pow 函数进行指数计算，pow（x，y）函数可以计算 x 的 y 次方。编写代码，如图 11-1 所示。为便于读数，使用四舍五入函数 round，只保留小数点后两位，并打印出来。

```
dayup=pow(1.01,365)
daydown=pow(0.99,365)

print("进步：",round(dayup,2))          进步：  37.78
print("退步：",round(daydown,2))        退步：  0.03
                                        >>>
```

图 11-1　进步和退步

可以看见，如果每天进步 1%，一年后就是今天的 37.78 倍，如果每天退步 1%，一年后就只剩下 0.03。

即便是每天进步千分之一，或者每天退步千分之一，一年以后的积累也是惊人的，想知道 10 年后的差距吗？输入代码，自己试一试。

2. 三天打鱼，两天晒网

或许有人会说，每天进步太辛苦了，玩两天再努力吧。如"三天打鱼，

两天晒网"，也可以进步，真的是这样吗？

"三天打鱼"是进步，可以写成 1.01^3。"两天晒网"是退步，可以写成 0.99^2，"三天打鱼，两天晒网"就是 $1.01^3 \times 0.99^2$。编写如图 11-2 所示代码，按 F5 键运行程序，发现运行结果为 1.009，几乎回到原点。

```
dayu=pow(1.01,3)
shaiwang=pow(0.99,2)
print("三天打鱼，两天晒网:",dayu*shaiwang)
```

图 11-2　三天打鱼，两天晒网

3. 多一份努力，多一份收成

俗话说"一分耕耘，一分收获"，多一点努力，如每天进步 2%，和进步 1% 比一比，虽然只是多了"一点"，但一年以后增加了多少倍？

使用变量 a 表示 1.02^{365}，使用变量 b 表示 1.01^{365}，都四舍五入到小数点后两位。从运行结果可以看到，每天进步 2%，积累 365 天，将有千份收获，比每天进步 1% 多了近 37 倍，如图 11-3 所示。

```
a=pow(1.02,365)
b=pow(1.01,365)
print("每天进步2%:{:.2f}".format(a))        每天进步2%: 1377.41
print("每天进步1%:{:.2f}".format(b))        每天进步1%: 37.78
```

图 11-3　多一份努力，多一份收成

4. 只多了一点懈怠

每天进步 2%，一年以后将有千份收获。可是，坚持很难，不知不觉就会有所懈怠。如果每天只是懈怠一点点，会是怎样？用 Python 验证一下。

使用 dayup2 表示每天进步 2%，即 1.02^{365}；daydown2 表示每天退步 2%，即 0.98^{365}，二者相乘，结果保留小数点后两位。输入代码，运行程序，如图 11-4 所示。

```
dayup2=pow(1.02,365)
daydown2=pow(0.98,365)
print("多了一点懈怠:{:.2f}".format(dayup2*daydown2))
```

图 11-4　多了一点懈怠

运行结果为 0.86，从结果可知，有了千份收获，于是开始懈怠，虽然每天只是一点点，也就是 2%，那么，365 天后将只有 0.86，不仅千份收获不复存在，连最初的起点都达不到了。

好好学习，天天向上！正所谓学如逆水行舟，不进则退，偶尔前进一些，再偶尔退后一些，晃晃悠悠，其实都在原地徘徊。所以，坚持每天一点点的进步，才会获得想要的结果。

任务 11.2　一年的进步

从任务 11.1 计算结果可以看见坚持的力量，也可以看见懈怠的可怕。时间不说话，却能证明一切。学习编程同样需要坚持不懈，想要收获更多，唯有努力。

一周有 7 天，5 天工作（学习）日，每天进步 1%，2 天休息日，每天退步 1%，一年后工作（学习）的力量如何呢？看起来这种情况比较复杂，没办法用简单的公式来计算。之前的 4 种情况，是用人类的思维，通过使用公式，让计算机辅助计算。计算机的思维需要把实际的问题抽象，形成逻辑运算，通过程序来完成。

1. 思路分析

计算机需要判断 1 年 365 天中，哪些是工作日，哪些是休息日。工作日，按照进步计算，休息日按退步计算。起始力量是 1，进步 1%，记为 1+0.01；退步 1%，记为 1−0.01。按照这样的规律，遍历一年的 365 天，就能统计出最终的力量了。

2. 编程分析

把工作日和休息日数字化，使用对 7 取余的算法，根据余数判断某一天是周几。

1 对 7 取余，余数是 1，就判断是周一；10 对 7 取余，余数是 3，就判断是周三；100 对 7 取余，余数是 2，就判断是周二；28 对 7 取余，余数是 0，就判断是周日。

因此，把某个数进行对 7 取余的计算，如果余数是 6 和 0，就是休息日，否则是工作日，分别计算力量值。

外部使用 for 循环，遍历 365 次循环。

3. 编写代码

将以上分析转换成可实现的程序，编写代码，按 F5 键运行程序，观察运行结果，如图 11-5 所示。可以看到，结果是 4.63，比起每天进步的数值，差距还是很大的。

```
#5天工作日进步，2天休息日退步
#计算最终的力量

dayup=1.0                                    #初始力量是1.0

for i in range(365):                         #遍历365天
    if i%7 in[0,6]:                          #余数是0或者6
        dayup=dayup*(1.0-0.01)               #周六和周日每天退步1%
    else:
        dayup=dayup*(1.0+0.01)               #周一至周五每天进步1%

print("最终的力量:{:.2f}".format(dayup))      #四舍五入输出结果
```

运行结果：

```
============
最终的力量:4.63
>>>
```

图 11-5　做 5 休 2 的力量

4. 难点分析

一个数对 7 取余数，是很多编程语言使用的一种算法，可以用来推算多少天后是星期几。dayup 值是在前一天的基础上增加 1%，或减少 1%，所以使用复利计算法。

5. 公开展示

回忆学过的课文，读过的文章、书籍，说说还有哪些类似的故事。每天都做的事情，不论是好是坏，最终都让自己养成了一种习惯，得到一种结果。是好习惯还是坏习惯？最终的结果是惊喜还是悔恨呢？还可以交流自己对积累和坚持的理解，结合自己的亲身经历，说说自己的体会。

任务 11.3　扩展阅读：几何级数和呈几何级数增长

　　数学中，几何级数是一种重要的数列，涉及数学中的无穷序列和级数。它是一种特殊的数列，其中每个后续的项都是前一项乘以一个常数，这个常数通常称为"公比"。几何级数广泛应用于数学、物理、工程和经济等领域，因为它们能够描述一系列随时间或步骤按比例增加或减少的情况。下面详细介绍几何级数的定义、性质及应用，还提供一些具体的例子来加深理解。

1. 几何级数的定义

　　几何级数是一个数列的和，该数列的每个项都是前一项乘以同一个非零常数。几何级数的一般形式如下：

$$S=a+ar+ar^2+ar^3+\cdots+ar^n\cdots$$

其中，S 表示几何级数的和；a 是第一项；r 是公比（即每一项与前一项的比值）；n 表示项的序号，通常从 0 开始或从 1 开始。

　　公比 r 可以是正数、负数或零，但不可以等于 1，因为如果 $r=1$，那么每一项都相等，无法形成级数。

2. 几何级数的性质

　　几何级数具有一些重要的性质，这些性质使得它们在数学和实际问题中非常有用。

　　（1）存在性和收敛性。只要公比 r 不等于 1，几何级数一定存在，并且会收敛到一个特定的值。如果 $|r|<1$，级数就会收敛；如果 $|r|\geqslant 1$，级数会发散。

　　（2）求和公式。几何级数的和 S 可以通过公式 $S=a/(1-r)$ 计算出来，前提是 $|r|<1$。这个公式在实际计算中非常有用。

　　（3）无限项和截断和。几何级数是无穷级数，可以通过截断来获得其部分和。截断就是取前 n 项相加，即 $S\_n=a+ar+ar^2+ar^3+\cdots+ar^n$。当 n 趋向无穷时，S_n 逼近 S。

　　（4）比值测试。几何级数的比值测试是判断级数是否收敛的一种方法。

如果 $|r| < 1$，则级数收敛；如果 $|r| \geq 1$，则级数发散。

3. 几何级数的应用

几何级数在数学和实际问题中有广泛应用。

（1）金融领域。几何级数可以用来建模复利问题。例如，如果每年投资 1000 美元，并且每年的投资都增加 10%，可以使用几何级数来计算未来几年的投资价值。

（2）物理学。在物理学中，几何级数常常用来描述粒子的运动，特别是在弹道学和核物理中。例如，一个粒子以一定的速度在真空中运动，每个时间步长都减小为原来的一半，那么它的路径可以用几何级数来描述。

（3）电子工程。在电路分析中，几何级数可以用来计算电阻网络的等效电阻。每个电阻的值可能与前一个电阻的值成一定的比例。

（4）生态学。在生态学中，几何级数可以用来研究物种的数量随时间的变化。如果每个个体每年都产生一定数量的后代，这个过程可以用几何级数来建模。

4. 呈几何级数增长的例子

几何级数增长意味着一个量随时间呈指数增长或指数衰减，这是很常见的现象。以下是一些呈几何级数增长的例子。

（1）复利投资。假设有 1000 美元的初始投资，并且每年获得 5% 的利息，则投资价值将会呈几何级数增长。每年的利息都是前一年的投资金额乘以 0.05，这个 0.05 就是公比。可以使用几何级数的公式来计算未来的投资价值。

$$S = 1000/(1-0.05) = 1052.63$$

因此，投资在第一年后将增加到 1052.63 美元，然后在第二年后继续增加，以此类推。

（2）细菌繁殖。考虑一个细菌种群，每小时分裂成两个新的细菌。如果从初始的一只细菌开始，那么细菌数量将以几何级数增长。在第一小时结束时，将有 2 只细菌；在第二小时结束时，将有 4 只细菌；以此类推。

（3）放射性衰变。放射性元素的衰变也遵循几何级数增长的规律。每个放射性元素有一个半衰期，半衰期内一半的原子核会衰变成其他物质。剩下的一半会继续衰变，每个半衰期都是前一个半衰期的一半，这是一个典型的几何级数增长过程。

（4）病毒传播。在流行病学中,病毒的传播可以用几何级数增长来描述。如果每个感染者平均感染两个其他人,那么感染人数将以几何级数的方式增长，直到达到一定的临界点。

5. 结论

几何级数是数学中的一个重要概念，用于描述按比例增长或减少的序列和级数。它具有清晰的定义和重要的性质，包括求和公式和比值测试。几何级数在金融、物理学、电子工程、生态学等领域都有广泛的应用，因为它能够有效地描述各种现象，从复利投资到细菌繁殖，再到放射性衰变和病毒传播。理解几何级数的概念和应用可以帮助大家更好地理解和解决许多实际问题。

任务 11.4　总结和评价

（1）展示程序运行结果。

（2）描述项目判断某天是星期几的方法。

（3）项目 11 已完成，在表 11-1 中画☆，最多画 3 个☆。

表 11-1　项目 11 评价表

评 价 描 述	评 价 结 果
我能理解项目中“进步”和“退步”的算法	
我会编写任务 11.1 中的代码	
我能理解任务 11.2 中的算法	
我能自主编写项目中 for 循环程序，并调试成功	
我能描述项目中 if…else 循环的执行过程	

项目 12 猜 数 字

　　猜数字是一项古老的益智类游戏，通常由两人以上参与，一人设置一个数字，其他人猜数字。当猜数字的人说出一个数字时，由出数字的人告知是否猜中：若猜测的数字大于设置的数字，出数字的人提示"猜大了"；若猜测的数字小于设置的数字，出数字的人提示"猜小了"；若猜数字的人在规定的次数内猜中设置的数字，出数字的人提示"恭喜，猜数成功"。

任务 12.1 编 写 程 序

猜数字的方法，就是试错法。通过尝试各种可能性，逐一比对，总有一种可能性是匹配的。古老的密码破译使用的就是这种方法，只不过，密码的组成元素越多，越复杂，即可能性越多，比对起来花费的时间越长。如果交给计算机，通过编程，这个工作一瞬间就能完成。

1. 思路分析

Python 随机产生一个 100 以内的两位正整数，这个数是要猜测的数（变量 a）。然后猜数字的人输入自己猜的数字，计算机读取输入的数字（变量 b），反复比较这两个数字，并根据比对结果给出提示信息。

b==a，显示"恭喜，猜对了！"

b>a，显示"偏大了！"

b<a，显示"偏小了！"

猜对后，程序结束。

2. 编程分析

使用 random.randint（a，b）函数，随机产生一个 100 以内的正整数。

使用 while 循环，当猜测数不等于随机数时，执行循环。

使用 input 函数获取输入的数字，必须是整数类型。

使用 if 语句完成判断并执行对应程序。

3. 编写代码

打开 IDLE，新建文件，编写程序代码，参考代码如图 12-1 所示。需要注意的是，每个人的思维和编写代码的习惯都有不同，不一样的算法或程序结构可以完成相同或相近的任务，体现出每个人的逻辑思维和创造思维。

4. 调试运行

运行代码，输入猜测的数字，观察运行结果，如图 12-2 所示。

最快多少次能猜对？交换测试程序，一起玩游戏，交流猜数字的技巧。

```
#猜数字游戏
#初始设置/赋值
import random                              #导入随机函数
a=random.randint(10,100)                   #随机生成一个整数a
b=0                                        #猜测数赋初始值0
print("Python已生成一个两位正整数！")
print("输入数字必须是整数！")

#猜数循环
while b!=a:
    b=int(input("请输入猜测的数字："))
    if b==a:
        print("恭喜，猜对了！")

    elif b>a:
        print("偏大了！")
    else:
        print("偏小了！")
```

图 12-1　猜数字游戏代码

运行结果如下。

```
Python已生成一个两位正整数！
输入数字必须是整数！
请输入猜测的数字：23
偏大了！
请输入猜测的数字：18
偏大了！
请输入猜测的数字：14
偏小了！
请输入猜测的数字：16
恭喜，猜对了！
>>>
```

图 12-2　运行结果

 ## 任务 12.2　程 序 优 化

调试程序时，发现还有很多不足，如没有次数统计，只能玩一次，程序就结束了。因此，图 12-1 中的程序还有挑战的空间。

1. 统计次数

增加猜测次数统计，使用变量 i 作为猜数次数统计，每猜一次数字，数值增加 1，猜对时显示猜测次数统计。参考代码如图 12-3 所示。

```
#猜数字游戏，猜测次数统计
#初始设置/赋值
import random              #导入随机函数
a=random.randint(10,100)    #随机生成一个整数a
b=0                        #猜测数赋初始值0
i=0
print("Python已生成一个两位正整数！")
print("输入数字必须是整数！")

#猜数循环
while b!=a:
    h=int(input("请输入猜测的数字："))
    i+=1
    if b==a:
        print("恭喜，猜对了！共猜测次数：",i)

    elif b>a:
        print("偏大了！")
    else:
        print("偏小了！")
```

图 12-3　统计次数

2. 循环猜数

运行时，猜对数字之后程序就结束了，想要再玩一次猜数游戏，需要再次运行程序。修改图 12-1 中的代码，当猜对时显示"恭喜，猜对了！再玩一次！"，重新开始猜数。程序代码参考图 12-4，方框内是增加的代码。

```
#猜数字游戏，再玩儿一次
#初始设置/赋值
import random              #导入随机函数
a=random.randint(10,100)    #随机生成一个整数a
b=0                        #猜测数赋初始值0
for i in range(999):
    print("Python已生成一个两位正整数！")
    print("输入数字必须是整数！")

    #猜数循环
    while b!=a:
        b=int(input("请输入猜测的数字："))
        if b==a:
            print("恭喜，猜对了！","再玩一次！")
            b=0
            a=random.randint(10,100)
        elif b>a:
            print("偏大了！")
        else:
            print("偏小了！")
```

图 12-4　再玩一次

任务 12.3　扩展阅读：创新思维之试错法

　　试错法是设计人员根据已有的产品或以往的设计经验提出新产品的工作原理，通过持续修改和完善，然后做样件。如果样件不能满足要求，则返回到方案设计阶段重新开始，直到证明样件设计满足要求，才可转入小批量生产和批量生产的方法。这是最原始的求新方法，也是历史上技术创造的第一种方法。

　　如图 12-5 所示，由于不知道满意的"解"所在的位置，在找到该"解"或较满意的"解"之前，往往要扑空多次、试错多次。试错的次数取决于设计者的知识水平和经验。所谓创新是少数天才的工作，但创新也是建立在试错法的经验之上的。

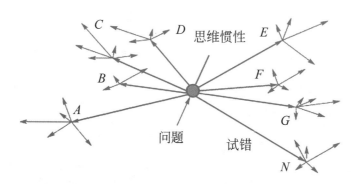

图 12-5　试错法图解

　　对于发明创造而言，多少年来人们采用的是"试错法"，只有少数聪明人经过艰苦不懈的努力一次取得成功，这种成功没什么规律可言，也无法传授。编程本身也是一种发明创造，需要程序员摆脱思维惯性，进行创新思维，在数次的调试和修改中获得成功。

　　我国医学界首位诺贝尔奖获得者屠呦呦提取青蒿素的过程，正是在历经千万次尝试和失败以后，才获得了伟大的成功。1969 年，屠呦呦担任中药抗疟研究组组长，带领团队开始了抗疟药物的研究。屠呦呦相信中医学是世界上最完整、最渊博的医学，中医完全可以医治疟疾这一顽疾。五十多年来，屠呦呦带领团队查古籍，阅古方，访中医，走遍大江南北，汇集、编写了近千种治疗疟疾的药方。

　　屠呦呦虽然是中医，但她相信正确的老药方一定经得起科学检验的推敲，一定是有迹可循的。千种药方，千次试验，虽然每一次都是铩羽而归，但每一次的失败也激发了屠呦呦不服输、不向苦难低头的勇气和毅力。"青蒿一握，以水二升渍，绞取汁，尽服之。"这是东晋葛洪在《肘后备急方》中治疗疟疾的一项记载。这一方法给予了屠呦呦新的思路，敏锐的她立即开展科学检验。她通过改用低沸点溶剂的提取手段成功提取了青蒿素，事实证明青蒿素果真对治疗疟疾有奇效。

　　还有一个利用试错法的典型事例，讲述的是查尔斯·固特异（Charles Goodyear）如何发明硫化橡胶（即制造橡胶）方法的故事。有一天，他买了一个橡胶救生圈，决定改进给救生圈打气的充气阀门。但是当他带着改造后的阀门来到生产救生圈的公司时，得知如果他想成功的话，就应该去寻找改善橡胶性能的方法。当时，生橡胶存在很多问题：它会从布料上整片脱落，完全用生橡胶制成的物品会在太阳下熔化，在寒冷的天气里会失去弹性。

　　查尔斯·固特异对改善橡胶的性能着了迷。他碰运气地开始了自己的实验，身边所有的东西，如盐、辣椒、糖、沙子、蓖麻油甚至菜汤，都被他一一掺进干橡胶里去做试验。他认为如此下去，早晚会把世界上的东西都尝试一遍，总能在这里面碰到成功的组合。查尔斯·固特异因此负债累累，家里只能靠吃土豆和野菜根勉强度日。据传说，那时如果有人来打听如何才能找到查尔斯·固特异，小城的居民都会这样回答："如果你看到一个人，他穿着橡胶大衣、橡胶皮鞋，戴着橡胶圆筒礼帽，口袋里装着一个没有一分钱的橡胶钱包，那么毫无疑问，这个人就是查尔斯·固特异。"人们都认为他是个疯子，但是他继续着自己的探索。直到有一天，当他用酸性蒸汽来加工橡胶的时候，发现橡胶得到了很大的改善，他第一次获得了成功。此后他又做了许多次"无谓"的尝试，最终发现了使橡胶完全硬化的第二个条件：加热。当时是 1839 年，橡胶就是在这一年被发明出来的。但是直到 1841 年，查尔斯·固特异才选配出获取橡胶的最佳方案。

　　试错法的成果在 19 世纪是非常卓越的。发明家爱迪生发明电灯的过程，试遍了上千种材料，最终发现钨丝亮度高、发热小，是最安全又实用的灯丝材料。电动机、发电机、电灯、变压器、山地掘进机、离心泵、内燃机、钻井设备、转化器、炼钢平炉、钢筋混凝土、汽车、地铁、飞机、电报、电话、收音机、电影、照相等发明都是由试错法带来的。

实际上，屠呦呦、固特异和爱迪生是非常幸运的，大多数研究者在解决某些难题时，往往用了一生的时间也没有任何结果。

虽然试错法效率很低，但是这种方法仍然没有失去它担当解决创造性难题的重任的能力。这是因为：其一，时代出现了科学和技术的联盟；其二，在技术创造中涌入了越来越多的发明家和研究人员；其三，对显而易见的（不需要深入研究的）自然效应和现象的研究及它们在技术中的直接应用继续进行着，因为当时的技术系统相对来说比较简单。然而实际中常常会出现一些棘手的创造性难题，依靠试错法解决它们至少要耗费几十年的时间。这些难题并不都是那么复杂，但就算是简单的问题，试错法也常常束手无策，无计可施。

使用试错法是一条漫长的路，需要大量的牺牲和浪费许多不成功的样品。或许试错法在尝试 10 种、20 种方案时是非常有效的，但在解决复杂任务时，则会浪费大量的精力和时间。随着技术的加快发展，试错法越来越不适应需要。例如，为了筛选出最理想的核反应堆或快速巡洋舰，人们不可能建造几千个样品来逐一尝试。

伟大的人类又发明了许多积极思维的方法，特别是 20 世纪以来，出现了"头脑风暴法""焦点客体法""六项思考帽法""检核表法"等诸多积极思维方法，并由此产生了一大批创新成果。

 ## 任务 12.4　总结和评价

（1）展示程序运行结果。

（2）描述自己猜对数字的办法。

（3）项目 12 已完成，在表 12-1 中画☆，最多画 3 个☆。

表 12-1　项目 12 评价表

评 价 描 述	评 价 结 果
我能理解项目中的思路分析	
我会编写任务 12.1 中的代码，并调试成功	
我能理解任务 12.2 中的挑战，并说出自己的理解	
我能描述项目中的 if…else 循环的执行过程	

项目 13 绘制五星红旗

在之前的项目中学习过使用 turtle 绘制圆形、长方形和正方形，本次项目学习绘制五角星，涉及调用 turtle 库、设定画笔颜色和填充颜色等，在此基础上绘制出五星红旗。

任务 13.1　绘制五角星

在纸上怎样画出一颗五角星？五角星每个角的大小是一样的，五条长线段的长度也是一样的，顺着箭头的方向开始绘制，如图 13-1 所示。

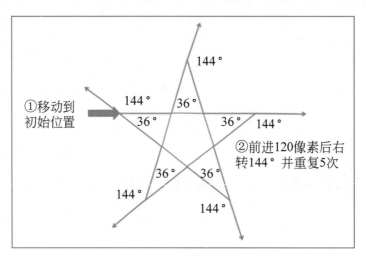

图 13-1　五角星的路线图

1. 任务分析

根据图 13-1 所示步骤，画笔从左侧标注①的位置开始，画直线至位置②处，右转 144°。这样的线段共有 5 条，需右转 5 次。

2. 代码编写

按照分析，编写代码，如图 13-2 所示。

```
1    from turtle import *      #导入turtle库
2    pencolor("red")           #设定画笔颜色为红色
3    fillcolor("red")          #设定填充颜色为红色
4    begin_fill()              #开始填充
5    for i in range(5):        #绘制五角星
6        forward(120)          #画线段，长度为120像素
7        right(144)            #右转144°
8    end_fill()                #填充结束
9    done()                    #停止绘制，但绘图窗体不关闭
```

图 13-2　"五角星"代码

运行上面的程序，可以看到弹出的绘图窗口中，1 个红色的箭头跑出了 1 个红色的五角星，并最终回到起始位置，如图 13-3 所示。

图 13-3　"五角星"代码运行结果

3. 理解代码

注释标注了每一行代码的作用，可以帮助理解代码，这就是为什么要这样编写的原因。

（1）导入 turtle 库的方法。

图 13-2 中第一行代码，from…import 表示从某一库中导入部分工具。在这行代码中，* 表示所有，即将 turtle 库中的所有工具都导入。

在此前，学习了使用"import+ 库名"的方式一次性把库中的所有工具全部导入，如 import turtle 就表示导入 turtle 库中的所有工具。用 import turtle 的形式导入库之后，要使用 turtle.forward（100）这样的代码来表示前进 100 像素，而通过 from turtle import * 的形式导入库之后，使用 forward（100）这句代码即可实现效果。

（2）颜色填充指令。

画出的五角星需要填充颜色，用到的指令如表 13-1 所示。

表 13-1　颜色填充指令

指　　令	功　　能	参 数 范 围	示　　例
fillcolor( )	设定填充颜色	颜色名称、变量	fillcolor(red)、fillcolor(a)
begin_fill( )	开始填充	无	
end_fill( )	结束填充	无	

4. 指定位置

修改图 13-2 所示的代码，画出一个黄色的五角星，坐标位置为（−170，150），大小为 50。让画笔到达指定坐标位置的相关指令如表 13-2 所示。

表 13-2　画笔控制指令

指　　令	功　　能	参 数 范 围	示　　例
penup( )	抬笔	无	
goto(x, y)	"飞"到坐标位置	−255~255	goto(−200，200)
pendown( )	落笔	无	

编写代码时的逻辑顺序是抬笔→"飞"到坐标位置→落笔，一般写在指定画笔颜色、填充颜色等设置之前。参考程序如图 13-4 所示。

```
1    from turtle import *        #导入turtle库
2    penup()                     #抬笔
3    goto(-170,150)              #"飞"到坐标位置
4    pendown()                   #落笔
5    pencolor("yellow")          #设定画笔颜色为黄色
6    fillcolor("yellow")         #设定填充颜色为黄色
7    begin_fill()                #开始填充
8    for i in range(5):          #绘制五角星
9        forward(50)             #画线段，长度为50像素
10       right(144)              #右转144°
11   end_fill()                  #填充结束
12   done()                      #停止绘制，但绘图窗体不关闭
```

图 13-4　黄色五角星代码

运行程序，观察运行结果。可以看到，画笔到达指定位置后画出了一个大小为 50 的黄色五角星。

任务 13.2　编程绘制五星红旗

五星红旗是我国的国旗，是以红色长方形为底，左上角有 1 颗大五角星，4 颗小五角星环绕其周围，共同组成国旗图案。

国旗有多种规格，尺寸各不相同。绘制之前首先确定好尺寸和坐标位置，再按步骤逐段编写代码。

1. 确定规格

国旗有标准规格尺寸，而且 5 颗黄色五角星的位置也有标准要求。受画布尺寸的限制，国旗在画布上的位置和大小需适当，整体外观比例应与国旗相符。因此，初步确定坐标和大小如下。

国旗坐标：（–200，200），大小：（438，292）；

大五角星坐标：（–170，150），大小：50；

第一颗小五角星坐标：（–100，180），大小：20；

第二颗小五角星坐标：（–85，150），大小：20；

第三颗小五角星坐标：（–95，120），大小：20；

第四颗小五角星坐标：（–110，100），大小：20。

2. 开始绘制

此前，已经学习过绘制长方形，使用 for 循环就可以实现。绘制顺序和代码编写顺序是一致的，按照长方形→大五角星→第一颗小五角星→第二颗小五角星→第三颗小五角星→第四颗小五角星。代码参考图 13-5。

注意： 在代码最后，使用 hideturtle（）指令隐藏画笔，使用 done（）指令结束绘制，并保留绘制窗口。

运行此程序，观察运行结果，可以看到画笔可以完整地绘制出"五星红旗"。

根据绘制结果，调整每个五角星的坐标，使其分布更加合理、美观。

```
1    from turtle import *    #导入绘图库
2    penup()                #提笔
3    goto(-200,200)         #落到指定坐标位置
4    pendown()              #落笔
5    pencolor("red")        #设定笔的颜色为红色
6    fillcolor("red")       #设定填充颜色为红色
7    begin_fill()           #开始填充
8    #绘制长方形
9    for i in range(2):
10       forward(438)
11       right(90)
12       forward(292)
13       right(90)
14   end_fill()
15   #绘制大五角星
16   penup()                #提笔
17   goto(-170,150)
18   pendown()
19   pencolor("yellow")     #设定笔颜色为黄色
20   fillcolor("yellow")    #设定填充颜色为黄色
21   begin_fill()
22   for i in range(5):
23       forward(50)
24       right(144)
25   end_fill()
26   #绘制第一颗小五角星
27   penup()                #提笔
28   goto(-100,180)
29   pendown()
30   begin_fill()
31   for i in range(5):
32       forward(20)
33       right(144)
34   end_fill()
35   #绘制第二颗小五角星
36   penup()                #提笔
37   goto(-85,150)
```

图 13-5 绘制五星红旗代码

```
38    pendown()
39    begin_fill()
40    for i in range(5):
41        forward(20)
42        right(144)
43    end_fill()
44    #绘制第三颗小五角星
45    penup()                    #提笔
46    goto(-95,120)
47    pendown()
48    begin_fill()
49    for i in range(5):
50        forward(20)
51        right(144)
52    end_fill()
53    #绘制第四颗小五角星
54    penup()                    #提笔
55    goto(-110,100)
56    pendown()
57    begin_fill()
58    for i in range(5):
59        forward(20)
60        right(144)
61    end_fill()
62    hideturtle()
63    done()
```

图 13-5 （续）

 任务 13.3　扩展阅读：五角星手工制作方法

手工制作五角星的方法有多种，这里提供一种简单的方法。

1. 纸折五角星

准备一张红色的正方形彩纸。按照图 13-6 所示步骤，就可以很快折出
一个五角星。

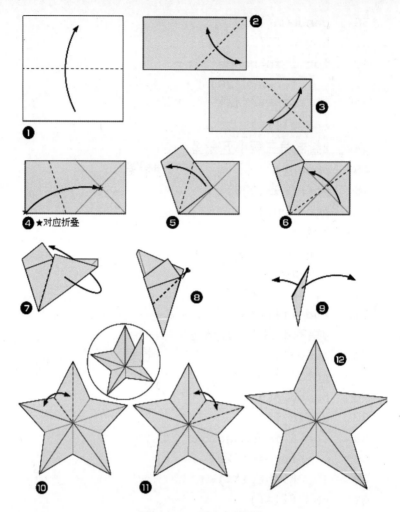

图 13-6　五角星折法

2. 星状多面体

正星体（regular star body）是一种特殊的正多面体，以正 n 面体各面为底，向外作正棱锥，使这些棱锥的侧面皆为相等的正三角形，这样得到的若是凹多面体，则称为正（n 角）星体。这类正星体有 4 种，分别是正六角星体、正八角星体和正十二角星体、正二十角星体（各有 60 个面）。可以用折纸的方法制作出这样的多面体。这 4 种星状多面体叫作开普勒—波因索特多面体，前两种由开普勒首先发现，波因索特（Poinsot，1777—1859 年）发现了另外两种。这 4 种多面体有着与五种柏拉图多面体（正多面体）一样完美的对称性。下面从二维情况下正多边形开始讲起。

（1）先来看一下正五边形，如图 13-7 所示，把各边朝两个方向延长至相交，得到一个五角星，如图 13-8 所示。

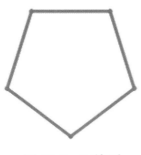

图 13-7 五边形

图 13-8 五角星

（2）类似地，在空间中，把由正五边形围成的正十二面体的各个面像上面那样拓展到五角星，那么，将得到一种星状体，叫作小星状十二面体。它由十二个五角星面围成（有交叉，就像从正五边形拓展成五角星时也有交叉一样），如图 13-9 所示。它也可以被看成在正十二面体的每个面上"贴上"一个正五棱锥，这种正五棱锥的底面与正十二面体的正五边形面完全重合；正五棱锥的侧面是某个五角星面的一个"角"（这里的"角"是一个其 3 个内角分别为 36°、72°、72° 的等腰三角形，如图 13-9（a）所示）。

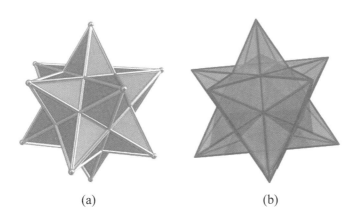

(a)   (b)

图 13-9 十二面体

（3）若把五角星相邻尖点连线，可以得到一个正五边形，这是一个比原来正五边形大很多的正五边形，如图 13-10 所示。

（4）对上面所得到的小星状十二面体的十二个五角星面进行类似的操作，即把五角星的相邻尖角连线，构成一个大的正五边形，于是，小星状十二面体就成为一个叫作大十二面体的立体图形，如图 13-11 所示。

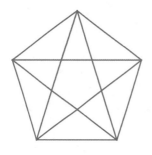

图 13-10　正五边形

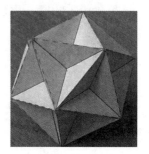

图 13-11　大十二面体 1

　　它是由 12 个大正五边形交叉构成，这就是大十二面体这一名词的来源。请您在图 13-12 中找一找这种大正五边形。每个大正五边形上面都扣着一个立体五角星，一共可以找到 12 个立体五角星，但每两个相邻的立体五角星都共用一个"角"。注意，这里所说的"角"，不是平面图形中的两条线的夹角，它类似二面角，两个面是两个全等的等腰三角形，共用棱是等腰三角形的底边。

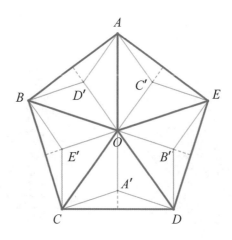

图 13-12　大十二面体 2

　　可以看出，这个大十二面体很像一个正二十面体，只是把正二十面体的每个正三角形面向下"挖"，挖掉一个正三棱锥。这种正三棱锥的侧面是一个顶角为钝角的等腰三角形；大十二面体共有 3×20=60 个这种等腰三角形。当然也可以用另外的方法计算这种等腰三角形的个数：每个大的正五边形面上有 5 个这种等腰三角形，那么 12 个面就应该有 12×5=60 个这种等腰三角形。还可以从立体五角星这方面来计算这种等腰三角形的个数：一共有 12 个立体五角星，每个立体五角星有 10 个这种等腰三角形，所以本应该有 12×10=120 个这种等腰三角形，但由于立体五角星的每个"角"都与另一个立体五角星的"角"重叠，所以，120 这个数量应该除以 2 才对，即 120/2=60 个这种等腰三角形。

仔细观察图 13-11 可以发现，它给予了大家如何用折纸方法制作大十二面体的提示。即制作 12 个立体五角星，然后，把它们拼接到一起，注意，每两个立体五角星共用一个"角"。共用的"角"之间用胶水粘在一起。

介绍了有关大十二面体的相关知识后，大家能够动手去做出一个大十二面体了。

需要先制作 12 个完全一样的立体五角星。每个立体五角星的制作方法如图 13-12 所示。剪出一个如图 13-12 中的 ABCDE 所示的正五边形。找到中心点 O，连接中心与 5 个顶点，得到 5 条等长的线段：OA、OB、OC、OD、OE。做每相邻两条这样的线段的夹角的平分线，如图 13-12 中 OC 与 OD 的夹角的平分线 OA'，其中点 A' 位于角平分线上，并使得 OA'=CA'=DA'。三角形 OCA' 就是前面所说的那种钝角等腰三角形（一共 10 个）。

把图 13-12 中 5 条边内侧细长的钝角三角形 ABD'、BCE'、CDA'、DEB'、EAC' 剪掉。最终的图形如图 13-13 所示。

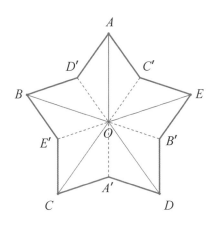

图 13-13　大十二面体 3

然后，把 OA、OB、OC、OD、OE 这 5 条线段用小刀轻轻划出痕迹，目的是使这 5 条线段处容易向下折叠（痕迹向上凸起）。而对线段 *OA'*、*OB'*、*OC'*、*OD'*、*OE'* 来说，则是在背面对它们划出痕迹。图 13-13 中用实线和虚线表示要朝不同方向折纸。注意，在从图 13-13 所示的平面图形折成一个立体五角星的过程中，其边缘 *A'C*、*A'D*、*B'D*、*B'E*、*C'E*、*C'A*、*D'A*、*D'B*、*E'B*、*E'C* 开始时是位于原来纸平面内，中间变为不在一个平面内，最终立体五角星折好后它们又重新位于同一个平面内。

任务 13.4 总结与评价

（1）展示作品，交流自己学习中的发现、疑问和收获。

（2）思考：

① 试一试，有其他方法绘制"五角星"图案吗？

② 用折纸法做出一个"五角星"。

（3）项目 13 已完成，在表 13-3 中画☆，最多画 3 个☆。

表 13-3 项目 13 评价表

评 价 描 述	评 价 结 果
能说出任务 13.1 中绘制五角星的方法	
能编程绘制出五角星	
能绘制出一面"五星红旗"	
能设计并绘制出其他与五角星相关的图样	

项目 14 四色炫彩造型

　　使用 turtle 库绘制正方形，巩固绘制正方形的方法。在此基础上进行程序的修改，让"海龟"从画一个正方形到画出复杂的正方形组合图形，之后结合 turtle 库的 pencolor 函数进行颜色的设定，制作出一个四色炫彩造型。

任务 14.1　画正方形螺旋线

通过之前的学习，进一步认识了 turtle 绘图的使用方法，并学会了循环、变量、range 函数，以及相关的语法知识。

本次任务先使用循环结构画一个正方形，再通过修改程序绘制出正方形螺旋线。

使用循环结构绘制正方形，程序如图 14-1 所示。

```
1    from turtle import *  #导入绘图模块
2    for i in range(4):    #定义变量执行4次
3        forward(100)      #正方形边长为100像素
4        left(90)          #左转90°
5    hideturtle()          #隐藏图标
6    done()                #完成绘制，弹窗不退出
```

图 14-1　绘制正方形

画正方形时，每次循环都是向前移动 100 像素。如果海龟每次移动的像素是可变的，如循环 100 次，每次向前移动的像素都加 1。使用图 14-1 中的变量 i 为移动参数，将程序稍作修改，就可以绘制出正方形螺旋线了。

代码参考图 14-2，程序中的循环体总共执行了 100 次，变量 i 从 0 到 99 逐一增加，在此过程中完成绘制正方形螺旋线。

```
1    from turtle import *    #导入绘图模块
2    import time
3    shape("turtle")         #外形显示为"海龟"
4    for i in range(100):    #定义变量执行100次
5        forward(i)          #每次增加i像素
6        left(90)            #左转90°
7    hideturtle()            #隐藏图标
8    done()                  #完成绘制，弹窗不退出
```

图 14-2　正方形螺旋线代码

单击"运行"按钮，观察程序运行结果。可以看到"海龟"在弹出的窗口中绘制图案，最终绘制成正方形螺旋线，如图 14-3 所示。单击"关闭"按钮即可关闭窗口。

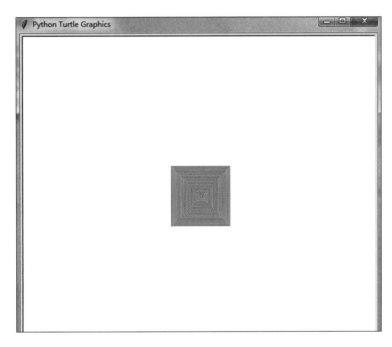

图 14-3 正方形螺旋线绘制完成

任务 14.2 绘制炫彩螺旋线

正方形螺旋线已经绘制出来了，如何才能让它变得更加美观呢？本任务使用 pencolor 函数为螺旋线增加 4 种颜色，如图 14-4 所示。

图 14-4 炫彩螺旋线效果

1. 列表

列表使用中括号存储各元素，用逗号分隔列表内的各元素。就像创建变量一样，创建列表也是要为它赋某个值。

为螺旋线增加 4 种颜色，分别是 red、yellow、blue 和 green。创建一个名为 colors 的列表，用来存储这 4 个元素，格式如下。

```
colors=['red','yellow','blue','green']
```

列表中的元素位置是从 0 开始计算的，使用 colors[0] 则可获取列表中第一个元素，以此类推。

有时候中括号内也可以没有元素，如 a=[]，表示创建的列表是空的。一个空列表有什么作用呢？有些情况无法提前知道列表中会有什么内容，也不知道其中会有多少元素，也不知道这些元素是什么，但需要一个列表来保存一些内容。

有了空列表后，程序就可以向这个列表中增加元素，也可以将其打印出来。向列表增加元素需要使用 append 函数，如图 14-5 所示。

```
1    a=[]
2    a.append('我爱编程')
3    print(a)
```

```
>>> ['我爱编程']
>>>
```

图 14-5　空列表应用举例

2. 取余

使用 pencolor 函数设置图案颜色，本任务中的 4 种颜色来自 colors 列表，并按照它们在列表中的顺序逐一使用。

使用语句：

```
colors=['red','yellow','blue','green']
pencolor(colors[0])
```

就可将画笔颜色设置为 red。

绘制螺旋线时需要循环 100 次，每次循环的颜色需要有变化，使用固定的数字作为参数无法实现炫彩螺旋线的效果。

取余运算符是 %，经常用在列表中获取元素。

0 对 4 取余，即 0%4，结果为 0，颜色为 red；

1 对 4 取余，即 1%4，结果为 1，颜色为 yellow；

2 对 4 取余，即 2%4，结果为 2，颜色为 blue；

3 对 4 取余，即 3%4，结果为 3，颜色为 green；

4 对 4 取余，即 4%4，结果为 0，颜色为 red；

......

99 对 4 取余，即 99%4，结果为 3，颜色为 red。

如此，就可以按照列表顺序依次获取颜色参数了。

3. 代码编写

按照以上分析，参照任务 14.1 的方法，编写程序，代码如图 14-6 所示。

```
1   from turtle import *
2   shape('turtle')
3   colors=['red','yellow','blue','green']
4   for x in range(100):
5       pencolor(colors[x%4])
6       forward(x)
7       left(90)
8   hideturtle()
9   done()
```

图 14-6 炫彩螺旋线代码

单击"运行"按钮，执行程序，观察运行结果。可以看到"海龟"在弹出的窗口中绘制彩色图案，最终绘制成四色炫彩图案，单击"关闭"按钮即可退出。

任务 14.3　扩展阅读：螺旋线

数学中有各种诗意的曲线，其中螺旋是一种特殊的曲线。"螺旋"一词来自希腊语，其原意是"螺旋"或"缠绕"。例如，平面螺旋线是从一个固定点一个接一个向外缠绕而形成的曲线。2000 多年前，古希腊数学家阿基米德研究了螺旋，发现了阿基米德螺旋线，称为"等速螺线"。

1. 自然界中的螺旋线

蜘蛛网是自然界中分布很广，而且给人印象深刻的一种螺旋结构。蜘蛛网的结构充分地说明了蜘蛛是一个多么了不起的、有着奇妙螺旋概念的小生命。车前草的叶片也是螺旋状排列，其间夹角为 137°、30°、38°。这样的叶序排列，可以使叶片获得最大的采光量，且得到良好的通风。其实，植物叶子在茎上的排列，一般都是螺旋状。此外，向日葵籽在其花盘上的排列也是螺旋式的。植物茎和枝蔓（如豌豆）、植物花、植物叶、松果等都是螺旋线结构。

顺时针和逆时针螺旋线缠绕在一起也是常见的。金银花系和常春藤系（包括牵牛花）是共生植物，前者是逆时针方向，而后者是顺时针方向。提泰妮娅王后对波顿说："睡吧，我要把你抱在我的臂中……菟丝（常春藤的俗名）也正是这样温柔地缠附着芬芳的金银花。"这是莎士比亚在《仲夏夜之梦》中惟妙惟肖的描写。

2. 生活中的螺旋线

人的头发是从头皮毛囊中斜着生长出来的，它循着一定的方向形成旋涡状，这就是发旋，且有右旋和左旋之别。实际上，发旋是长在体表的毛旋，能使毛发顺着一定的方向生长。在野生兽类动物中，毛旋具有保护自身和适应环境的作用。它可使雨水顺着一定的方向流淌，犹如披上了一件蓑衣；它们排列紧密，可避免有害昆虫的叮咬；除此之外，还有良好的保温作用。人类头发的这些作用虽然已退化到微不足道的地步，但其形式却保留了下来。

有些螺旋线无论是顺时针还是逆时针均很常见，如楼梯（见图 14-7）、线缆、螺丝、螺钉、弹簧、坚果、绳子和糖果棒。环绕圆锥的螺旋线叫作锥形螺旋线，常见的有螺丝、床的弹簧，以及弗兰克·劳埃德·赖特（Frank Lloyd Wright）为纽约古根海姆博物馆设计的螺旋梯。

图 14-7 "螺旋线"楼梯

3. 特殊的运动轨迹

一只蚂蚁以不变的速率，在一个均匀旋转的唱片中心沿半径向外爬行，结果蚂蚁本身就描绘出一条螺旋线。蝙蝠从高处往下飞，是按空间螺旋线→锥形螺旋线的路径飞行的。在大海上追逐逃跑的敌舰或缉捕走私船只，有时也要按着螺旋线路径追逐。星体的运行轨迹有的也是螺旋线。日本国家天文台的中井直政博士，在对银河系中部的气体密度进行了为期 3 年的观察研究后认为，银河系是呈螺旋状的，即星体以圆心呈螺旋状向外扩。

4. 螺旋线是如何形成的

当一组全等矩形纵向地连接起来，那么一个长条的矩形柱就形成了。两个矩形块的连接处呈一定角度倾斜，再一块接一块地一直继续下去。结果，柱状结构弯曲，呈圆形趋势。但是，如果把矩形块的连接面切成倾斜的，那么柱状结构就会围绕自身弯曲，形成三维的螺旋线，如图 14-8 所示。脱氧核糖核酸（DNA）是一种遗传染色体，就是由两条这样的三维螺旋线构成的，DNA 由两条柱状的磷酸糖分子环环相扣，如图 14-9 所示。

DNA双螺旋线结构　　　矩形块倾斜连接成三维螺旋线

图 14-8　三维螺旋线

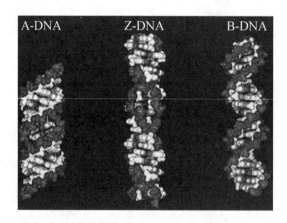

图 14-9　DNA 三维结构

 ## 任务 14.4　总结与评价

（1）展示作品，交流自己学习中的发现、疑问和收获。

（2）思考：

① 尝试绘出六色六角的螺旋线造型。找出画正多边形螺旋线的规律，

探索如何才能快速地绘制出多色炫彩造型。

　　② 尝试绘制圆弧螺旋线。

　　（3）项目 14 已完成，在表 14-1 中画 ☆，最多画 3 个 ☆。

表 14-1　项目 14 评价表

评 价 描 述	评 价 结 果
能说出绘制正方形螺旋线的方法	
能绘制出正方形螺旋线	
能使用本项目描述的方法绘制出彩色螺旋线	
能增加或改变彩色螺旋线的颜色，绘制出更多样式的彩色螺旋线	